JN026520

令和元年

耕地及び作付面積統計

大臣官房統計部

令　和　2　年　9　月

農林水産省

目　次

利用者のために

令和元年度に実施した作物統計調査における面積調査（耕地面積調査及び作付面積調査）及び特定作物統計調査における作付面積調査の結果である。

1　調査の概要

(1)　調査の目的

本調査は、農業の生産基盤となる耕地と農作物の作付けの実態を明らかにし、生産対策、構造対策、土地資源の有効活用等の各種土地利用行政の企画立案及び行政効果の判定を行うための資料に活用することを目的としている。

(2)　調査の根拠

作物統計調査は、統計法（平成19年法律第53号）第９条第１項に基づく総務大臣の承認を受けて実施した基幹統計調査である。

また、特定作物統計調査は、同法第19条第１項に基づく総務大臣の承認を受けて実施した一般統計調査である。

(3)　調査の機関

調査は、農林水産省大臣官房統計部及び地方組織を通じて行った。

(4)　調査の体系（枠で囲んだ部分が本書に掲載する範囲）

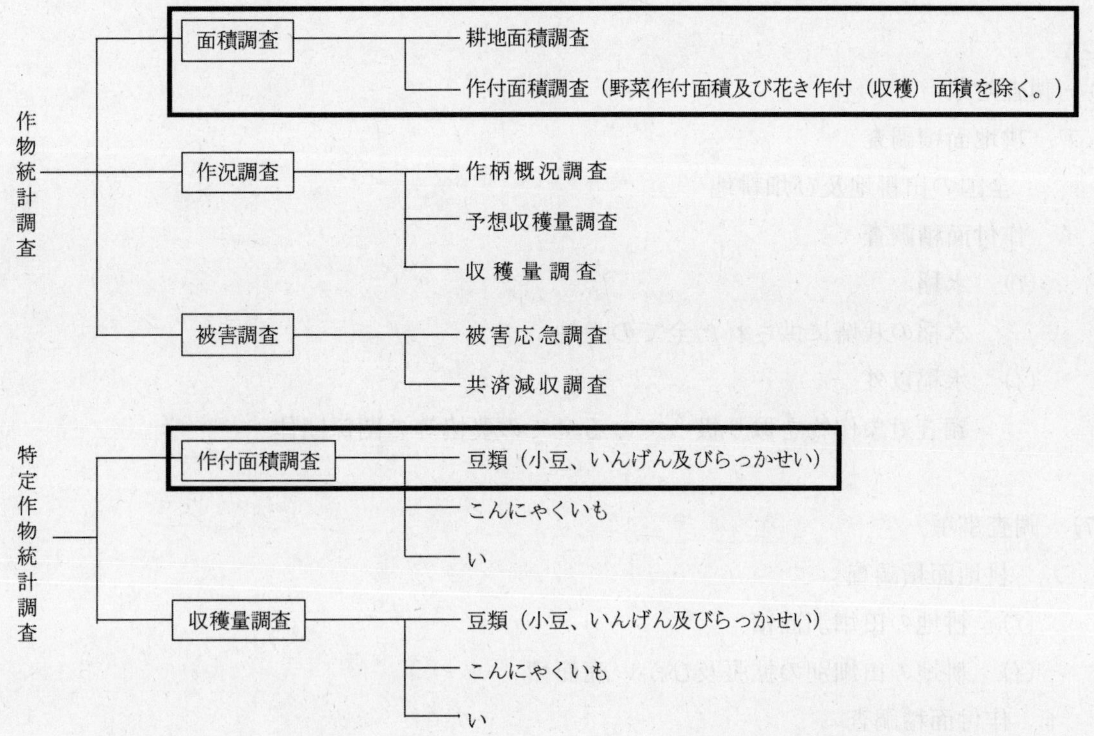

注：作物統計調査のうち、なたね、てんさい、さとうきび及び特定作物統計調査のうち、こんにゃくいも、いの作付面積は、「作物統計（普通作物・飼料作物・工芸農作物）」において収穫量等と合わせて掲載している。

(5)　調査の範囲

ア　耕地面積調査

全国の区域

イ　作付面積調査

次表の左欄に掲げる作物について、それぞれ同表の中欄に掲げる区域のとおりである。

なお、全国の区域を範囲とする調査を3年ごと又は6年ごとに実施する作物について、当該周期年以外の年において調査の範囲とする都道府県の区域を主産県といい、令和元年産において主産県を調査の範囲として実施したものは同表の右欄に「○」を付した。

作物名	区域	主産県調査(令和元年(産))
水稲、麦類（小麦、二条大麦、六条大麦及びはだか麦）、大豆及びそば	全国の区域	
陸稲、かんしょ及びえん麦（緑肥用）	全国作付面積のおおむね8割を占めるまでの上位都道府県の区域。ただし、3年ごとに全国の区域	○
果樹	調査品目ごとに全国栽培面積のおおむね8割を占めるまでの上位都道府県又は果樹共済事業を実施する都道府県。みかん、りんごにあっては、これに果樹需給安定対策事業を実施する都道府県を加えた都道府県。ただし、6年ごとに全国の区域	○
茶	全国栽培面積のおおむね8割を占めるまでの上位都道府県、畑作物共済事業又は強い農業・担い手づくり総合支援交付金による茶に係る事業を実施する都道府県。ただし、6年ごとに全国の区域	○
飼料作物（牧草、青刈りとうもろこし及びソルゴー）	全国作付（栽培）面積のおおむね8割を占めるまでの上位都道府県又は農業競争力強化基盤整備事業のうち飼料作物に係るものを実施する都道府県の区域。ただし、3年ごとに全国の区域	○
小豆、いんげん及びらっかせい	全国作付面積のおおむね8割を占めるまでの上位都道府県又は畑作物共済事業を実施する都道府県の区域。ただし、3年ごとに全国の区域	○

(6)　調査対象

ア　耕地面積調査

全国の田耕地及び畑耕地

イ　作付面積調査

(ｱ)　水稲

水稲の栽培に供された全ての土地

(ｲ)　水稲以外

調査対象作物を取り扱っている全ての農協等の関係団体

(7)　調査事項

ア　耕地面積調査

(ｱ)　耕地の田畑別面積

(ｲ)　耕地の田畑別の拡張及びかい廃面積

イ　作付面積調査

(ｱ)　水稲の作付面積及び用途別面積

(ｲ)　水稲以外の作物の作付（栽培）面積

(8)　調査期日

ア　耕地面積調査

耕地面積	令和元年７月15日
耕地の拡張及びかい廃面積	平成30年７月15日～ 令和元年７月14日

イ　作付面積調査

水稲、果樹及び茶	令和元年７月15日
大豆、小豆、いんげん及びらっかせい	令和元年９月１日
陸稲、麦類（小麦、二条大麦、六条大麦及びはだか麦）、かんしょ及びそば、飼料作物及びえん麦（緑肥用）	収穫期

(9)　調査・集計方法

本調査の集計は、農林水産省大臣官房統計部及び地方組織において行った。

ア　耕地面積調査及び水稲作付面積調査

(ｱ) 耕地面積及び水稲作付面積

a　母集団の編成

空中写真（衛星画像等）に基づき、全国の全ての土地を隙間なく区分した200ｍ四方（北海道にあっては、400ｍ四方）の格子状の区画のうち、耕地が存在する区画を調査のための「単位区」とし、この単位区（区画内に存する耕地の筆（けい畔等で区切られた現況一枚のほ場）について、面積調査用の地理情報システムにより、地目（田又は畑）等の情報が登録されている。）の集まりを母集団（全国約290万単位区）としている。

母集団は、ほ場整備、宅地への転用等により生じた現況の変化を反映するため、単位区の情報を補正することにより整備している。

b　階層分け

調査精度の向上を図るため、母集団を各単位区内の耕地の地目に基づいて地目階層（「田のみ階層」、「田畑混在階層」及び「畑のみ階層」）に分類し、そのそれぞれの地目階層について、ほ場整備の状況、水田率等の指標に基づいて設定した性格の類似した階層（性格階層）に分類している。

階層分け模式図（例）

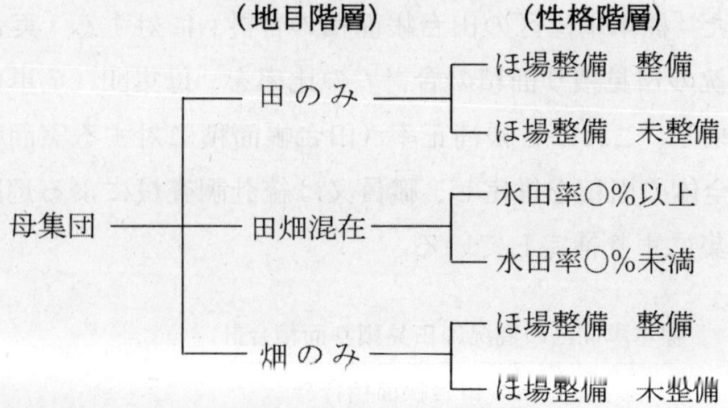

c　目標精度

耕地面積及び水稲作付面積が的確に把握できるよう、都道府県別に田畑別の耕地面積及び水稲作付面積の大小、それぞれの全国面積に占めるカバレッジ等を考慮し設定している。

（田：概ね0.5～２％程度、畑：概ね１～５％程度、水稲：概ね0.5～３％程度）

d　調査対象者数

(a) 耕地面積調査及び水稲作付面積調査

39,411単位区

(b) 水稲以外の作物の作付（栽培）面積調査

作物の種類	対象者数 ①	回収数 ②	回収率 ③=②/①
	団体	団体	%
陸稲	17	17	100.0
麦類	630	627	99.5
大豆	627	611	97.4
小豆	112	108	96.4
いんげん	50	50	100.0
らっかせい	5	5	100.0
かんしょ	60	60	100.0
そば	406	401	98.8
飼料作物、えん麦	160	156	97.5
果樹	583	577	99.0
茶	70	69	98.6

e　標本配分及び抽出

都道府県別の田畑別耕地面積及び水稲作付面積が的確に把握できるよう階層ごとに調査対象数を配分し、任意系統抽出法により抽出する。

f　実査（対地標本実測調査）

抽出した標本単位区内の全ての筆について、１筆ごとに現況地目及び耕地の境界並びに作付けの状況及びその範囲を確認する。

g　推定

田面積の推定においては、都道府県別に面積調査用の地理情報システムを使用して求積した「標本単位区の田台帳面積の合計」に対する「実査により得られた標本単位区の現況の田見積り面積の合計」の比率を「母集団（全単位区）の田の台帳面積の合計」に乗じ、これに台帳補正率（田台帳面積に対する実面積の比率）を乗じることにより、全体の面積を推定し、職員又は統計調査員による巡回・見積り及び職員による情報収集により補完している。

$$推定面積＝\frac{標本単位区の現況の田見積り面積合計}{標本単位区の田台帳面積合計}×全単位区の田台帳面積合計×台帳補正率$$

なお、畑面積の場合は上記において田を畑に置き換え、水稲作付面積の場合は田見積り面積を水稲作付見積り面積に置き換える。

また、全国計、全国農業地域別及び地方農政局別の値は、都道府県別の値を合計して算出した。

けい畔面積については、別途実測に基づいて設定したけい畔割合（率）を推定結果に乗じて算出している。

h　その他

遠隔地、離島、市街地等の対地標本実測調査が非効率な地域については、職員による巡回・見積り、情報収集によって把握している。

(ｲ)　耕地の拡張及びかい廃面積

職員又は統計調査員による巡回･見積り､職員による情報収集によって把握している。

なお、耕地の拡張及びかい廃面積は、平成30年７月15日から令和元年７月14日までに生じたものである。

(ｳ)　原子力災害対策特別措置法により立入りが制限されている区域の扱い

福島県のうち原子力災害対策特別措置法（平成11年法律第156号）により立入りが制限されている区域については、対地標本実測調査及び職員又は統計調査員による巡回・見積りの実施が困難なことから、当該区域における平成23年の耕地面積調査結果を基に、関係機関からの情報収集によって把握した面積を計上している。

イ　水稲以外の作物の作付（栽培）面積調査

関係団体に対する往復郵送調査又はオンライン調査により行った。

集計は、関係団体調査結果を基に職員又は統計調査員による巡回・見積り及び職員による情報収集により補完している。

(10)　全国値の推計方法

令和元年（産）の調査において、主産県を調査の範囲とした陸稲、かんしょ、小豆、いんげん、らっかせい、飼料作物（牧草、青刈りとうもろこし、ソルゴー）、えん麦、果樹及び茶の作付（栽培）面積については、それぞれ次により全国値を推計した。

ア　陸稲、かんしょ、いんげん、らっかせい、飼料作物（牧草、青刈りとうもろこし、ソルゴー）、えん麦、果樹及び茶

主産県の作付（栽培）面積の合計値に、推計により算出した主産県以外の都道府県（以下「非主産県」という。）の作付（栽培）面積の計を合計し算出した。

非主産県の作付（栽培）面積は、直近の全国調査年（陸稲、かんしょ、飼料作物（牧草、青刈りとうもろこし、ソルゴー）及びえん麦は平成29年産、いんげん及びらっかせいは平成30年産、果樹及び茶は平成28年）における非主産県の作付（栽培）面積の合計値に、令和元年（産）における主産県の作付（栽培）面積の合計値を直近の全国調査年における主産県の作付（栽培）面積の合計値で除して求めた変動率を乗じて算出した。

イ　小豆

主産県の作付面積の合計値に､推計により算出した非主産県の作付面積の計を合計し算出した。

非主産県の作付面積は、直近の全国調査年（平成30年産）における非主産県の作付面積

の計と前々回の全国調査年（平成28年産）における非主産県の作付面積の計を用いて１年当たりの変動率を算出し、この変動率を直近の全国調査年からの経過年数（１年）に応じて非主産県の作付面積の計に乗じて算出した。

ウ　その他の飼料作物

(ｱ) 飼料用米及びＷＣＳ用稲

「令和元年産新規需要米の都道府県別の取組計画認定状況」（政策統括官付穀物課）の値を用いている。

(ｲ) (ｱ) 以外のその他飼料作物

直近の全国調査年（平成29 年産）における全国の作付面積を前々回の全国調査年（平成28年産）における全国の作付面積を用いて１年当たりの変動率を算出し、この変動率を直近の全国調査年からの経過年数（２年）に応じて全国の作付面積に乗じて算出した。

全国値＝（(平成 29 年産全国値÷平成 28 年産全国値)－１）
×(経過年数(２年)＋１)×平成29年産全国値

(11) 農作物作付（栽培）延べ面積（平成30年）の算出方法

農作物作付（栽培）面積については、作物統計調査及び特定作物統計調査で把握している作物はその作付（栽培）面積、それ以外の作物については情報・資料収集により把握又は推計した作付（栽培）面積を集計して作成した。

ア　各作物区分と当該作物区分に属する品目等は以下のとおりである。

作物区分	品目等
水稲（子実用）	水稲
麦類（子実用）	小麦、二条大麦、六条大麦、はだか麦
大豆（乾燥子実）	大豆
そば（乾燥子実）	そば
なたね（子実用）	なたね
その他作物	陸稲、かんしょ、小豆、いんげん、らっかせい、果樹、茶、野菜、てんさい、さとうきび、い、こんにゃくいも、花き、飼料作物、えん麦（緑肥用）、たばこ、飼料用米、ＷＣＳ用稲等

イ　全国を調査の範囲とした水稲（子実用）、麦類（子実用）、大豆（乾燥子実）、そば（乾燥子実）、なたね（子実用）、小豆（乾燥子実）、いんげん（乾燥子実）、らっかせい（乾燥子実）及びこんにゃくいもについては、作物統計調査及び特定作物統計調査で把握した面積を用いた。

ウ　てんさい（北海道）、さとうきび（鹿児島県及び沖縄県）、い（福岡県及び熊本県）については、作物統計調査及び特定作物統計調査で把握した面積を用いた。

エ　主産県を調査の範囲とした作物（陸稲、かんしょ、飼料作物（牧草、青刈りとうもろこし、ソルゴー）、えん麦（緑肥用）、果樹、茶、野菜及び花き）の作付（栽培）面積については、調査対象県は調査で把握した面積を用い、それ以外の各都道府県（以下「非主産県」という。）の作付（栽培）面積については以下の方法により推計した面積を用いた。

(ｱ)　陸稲、かんしょ、飼料作物（牧草、青刈りとうもろこし、ソルゴー）、えん麦（緑

肥用）、果樹、茶、野菜及び花き

直近の全国調査年（陸稲、かんしょ、飼料作物（牧草、青刈りとうもろこし、ソルゴー）及びえん麦（緑肥用）は平成29年産、果樹、茶、野菜及び花きは平成28年）における非主産県の作付（栽培）面積の値に、平成30年（産）における主産県の作付（栽培）面積の合計値を直近の全国調査年における主産県の作付（栽培）面積の合計値で除して求めた変動率を乗じて算出した。

(ｲ) その他の飼料作物

直近の全国調査年（平成 29 年産）における全国の作付面積を前々回の全国調査年（平成28年産）における全国の作付面積を用いて１年当たりの変動率を算出し、この変動率を直近の全国調査年からの経過年数（１年）に応じて各都道府県の作付面積の値に乗じて算出した。

オ 緑肥作物の作付面積については、平成 28 年産における緑肥作物の各都道府県の作付面積の値に、平成30年産におけるえん麦（緑肥用）の作付面積の全国値を平成28年産におけるえん麦（緑肥用）の作付面積の全国値で除して求めた変動率を乗じて算出した。

カ たばこについては、日本たばこ産業株式会社の検査面積（履行確認契約面積）の値を用いた。

キ 飼料用米及びＷＣＳ用稲については、「平成30年産新規需要米の都道府県別の取組計画認定状況」（政策統括官付穀物課）の面積を用いた。

ク イ～キ以外の作物の作付（栽培）面積については、平成28年産における各都道府県の作付面積の計と平成25年産における各都道府県の作付面積の計を用いて１年当たりの変動率を算出し、この変動率を平成28年からの経過年数（２年）に応じて各都道府県の作付面積の値に乗じて算出し、巡回・見積り及び情報・資料収集により検討を行い補完した。

(12) 調査の実績精度

ア 耕地面積調査及び水稲作付面積調査

対地標本実測調査における耕地面積（田・畑）及び水稲作付面積に係る調査結果（全国）の実績精度を標準誤差率（標準誤差の推定値÷推定値×100）により示すと、次のとおりである。

区　分	標準誤差率（%）
耕地面積（田）	0.13
耕地面積（畑）	0.27
水稲作付面積	0.35

イ 水稲以外の作物の作付（栽培）面積調査

関係団体に対する全数調査結果を用いて全国値を算出していることから、目標精度は設定していない。

(13) 統計の表章範囲

掲載した統計の全国農業地域及び地方農政局の区分は、それぞれ次表のとおりである。

ア　全国農業地域

全国農業地域名	所属都道府県名
北海道	北海道
東北	青森、岩手、宮城、秋田、山形、福島
北陸	新潟、富山、石川、福井
関東・東山	茨城、栃木、群馬、埼玉、千葉、東京、神奈川、山梨、長野
東海	岐阜、静岡、愛知、三重
近畿	滋賀、京都、大阪、兵庫、奈良、和歌山
中国	鳥取、島根、岡山、広島、山口
四国	徳島、香川、愛媛、高知
九州	福岡、佐賀、長崎、熊本、大分、宮崎、鹿児島
沖縄	沖縄

イ　地方農政局

全国農業地域名	所属都道府県名
東北農政局	アの東北の所属都道府県と同じ。
北陸農政局	アの北陸の所属都道府県と同じ。
関東農政局	茨城、栃木、群馬、埼玉、千葉、東京、神奈川、山梨、長野、静岡
東海農政局	岐阜、愛知、三重
近畿農政局	アの近畿の所属都道府県と同じ。
中国四国農政局	鳥取、島根、岡山、広島、山口、徳島、香川、愛媛、高知
九州農政局	アの九州の所属都道府県と同じ。

注：　東北農政局、北陸農政局、近畿農政局及び九州農政局の結果については、全国農業地域区分における各地域の結果と同じであることから、統計表章はしていない。

2　統計項目の定義

統計表のうち、主な項目の定義は次のとおりである。

(1) 耕地

農作物の栽培を目的とする土地のことをいい、けい畔を含む。

なお、「栽培」とは生産物を得ることを目的として作物を肥培管理することである。

ア　本地

直接農作物の栽培に供される土地で、耕地からけい畔を除いた土地をいう。

イ　けい畔

耕地の一部にあって、主として本地の維持に必要なものをいう。いわゆる畦（あぜ）のことで、田の場合はたん水設備となる。

ウ　田

たん水設備（けい畔等）と、これに所要の用水を供給し得る設備（用水源・用水路等）を有する耕地をいう。

エ　畑

田以外の耕地をいう。これには通常、畑と呼ばれている普通畑のほか、樹園地及び牧草地を含む。

オ　普通畑

畑のうち樹園地及び牧草地を除く全てのもので、通常、草本性作物を栽培することを常態とするものをいうが、木本性作物を栽培するものであっても、苗木を栽培するもの及び１ａ以上の集団性がない栽培形態であるものを含む。

カ　樹園地

畑のうち果樹、茶等の木本性作物を１ａ以上集団的に栽培するものをいう。

なお、ホップ園、バナナ園、パインアップル園及びたけのこ栽培を行う竹林を含む。

キ　牧草地

畑のうち専ら牧草の栽培に供されるものをいう。

(2)　拡張（増加要因）

耕地以外の地目から田又は畑に転換され、既に作物を栽培し、又は次の作付期において作物を栽培することが可能となった状態をいう。

拡張は、荒廃農地、山林又は原野等からの開墾や自然災害からの復旧等によって生じる。田畑別にみた場合は、田畑転換によっても生じる。

(3)　かい廃（減少要因）

田又は畑が他の地目に転換し、作物の栽培が困難となった状態をいう。

かい廃は、自然災害又は人為かい廃によって生じる。田畑別にみた場合は、田畑転換によっても生じる。

(4)　荒廃農地

耕作の用に供されていたが、耕作放棄により耕作し得ない状態（荒地）となった土地をいう。

(5)　田畑転換

田が畑に、畑が田に現況の地目が変化することをいう。

(6)　作付面積

は種又は植付けをしてからおおむね１年以内に収穫され、複数年にわたる収穫ができない非永年性作物を作付けしている面積をいう。けい畔に作物を栽培している場合は、その利用部分を見積もり、作付面積として計上した。

(7)　栽培面積

は種又は植付けの後、複数年にわたって収穫を行うことができる永年性作物（果樹、茶等）を栽培している面積をいう。けい畔に作物を栽培している場合は、その利用部分を見積もり、栽培面積として計上した。

(8)　子実用

主に食用にすること（子実生産）を目的とするものをいう。

(9)　乾燥子実

主に食用を目的に未成熟（完熟期以前）で収穫されるもの（えだまめ、さやいんげん等）を除いたものをいう。

(10)　夏期全期不作付面積

夏期期間（当該地帯のおおむね水稲の栽培期間）を通じて不作付けの状態の本地面積をいう。

(11)　年産区分

統計表示の場合の年産区分は、その作物の収穫年次とした。

(12)　作付（栽培）延べ面積

水稲（子実用）、麦類（子実用）、大豆（乾燥子実）、そば（乾燥子実）、なたね（子実用）及びその他作物の作付（栽培）面積の合計をいう。したがって、年産区分を同一とする水稲二期作栽培、季節区分別野菜等により、同一ほ場に２回以上作付けされた場合は、それぞれを作付面積とし、延べ面積とした。

(13)　耕地（本地）利用率

耕地（本地）面積を「100」とした作付（栽培）延べ面積の割合のことをいう。

$$\text{耕地（本地）利用率（\%）} = \frac{\text{作付（栽培）延べ面積}}{\text{耕地（本地）面積（7月15日現在）}} \times 100$$

3　利用上の注意

(1)　数値の四捨五入について

本統計書に掲載した統計数値については、次の方法によって四捨五入しているため、全国計と都道府県別数値の積み上げ、あるいは合計値と内訳の計が一致しない場合がある。

原　数		７桁以上 (100万)	６桁 (10万)	５桁 (１万)	４桁 (1,000)	３桁以下 100
四捨五入する桁（下から）		３桁	２桁		１桁	四捨五入しない
例	四捨五入する前（原数）	1,234,567	123,456	12,345	1,234	123
	四捨五入した数値（統計数値）	1,235,000	123,500	12,300	1,230	123

(2)　割合について

本統計書に掲載した割合については、表示単位未満を四捨五入しているため、合計値と内訳の計が一致しない場合がある。

(3)　記号について

本統計書の統計表示については、次の記号を用いた。

「０」：　単位に満たないもの又は増減がないもの（例：0.4ha→０ha）

「－」：　事実のないもの

「…」：　事実不詳又は調査を欠くもの

「ｘ」：　個人又は法人その他の団体に関する秘密を保護するため、統計数値を公表しないもの

「△」：　負数又は減少したもの

「nc」：　計算不能

(4)　秘匿措置について

統計調査結果について、生産者数が２以下の場合には、個人又は法人その他の団体に関する調査結果の秘密保護の観点から、当該結果を「ｘ」表示とする秘匿措置を施している。

なお、全体（計）からの差引きにより、秘匿措置を講じた当該結果が推定できる場合には、本来秘匿措置を施す必要のない箇所についても「ｘ」表示としている。

(5)　この統計表に掲載された数値を他に転載する場合は、『耕地及び作付面積統計』（農林水産省）による旨を記載してください。

4　本統計書についてのお問合せ先

農林水産省　大臣官房統計部　生産流通消費統計課　面積統計班

電話：（代表）03-3502-8111　内線　3681

（直通）03-6744-2045

FAX　:　03-5511-8771

※　本統計書に関する御意見・御要望は、上記問合せ先のほか、農林水産省ホームページでも受け付けております。

【 https://www.contactus.maff.go.jp/j/form/tokei/kikaku/160815.html 】

調 査 結 果 の 概 要

Ⅰ　耕地面積及び耕地の拡張・かい廃面積

1　耕地面積（田畑計）

(1)　令和元年７月15日現在の全国の耕地面積（田畑計）は439万7,000haで、荒廃農地からの再生等による増加があったものの、転用、耕地の荒廃等による減少から、前年に比べ２万3,000ha（0.5％）減少した。

全国農業地域別にみると、関東・東山は4,700ha、九州は4,600ha、東北は3,400ha、それぞれ減少した（表１）。

(2)　耕地率は11.8％で、全国農業地域別にみると沖縄が16.4％で最も高く、次いで北海道の14.6％、関東・東山の14.1％の順となっている（表１）。

(3)　水田率は54.4％で、全国農業地域別にみると北陸が89.5％で最も高く、次いで近畿の77.6％、中国の77.3％の順となっている（表１）。

表１　令和元年田畑別耕地面積（全国農業地域別）

全国農業地域	田畑計			田			畑			耕地率	水田率
	面積	前年との比較		面積	前年との比較		面積	前年との比較			
		対差	対比		対差	対比		対差	対比		
	ha	ha	%	ha	ha	%	ha	ha	%	%	%
全国	**4,397,000**	**△ 23,000**	**99.5**	**2,393,000**	**△ 12,000**	**99.5**	**2,004,000**	**△ 10,000**	**99.5**	**11.8**	**54.4**
北海道	1,144,000	△ 1,000	99.9	221,900	△ 300	99.9	921,800	△ 500	99.9	14.6	19.4
東北	830,700	△ 3,400	99.6	598,300	△ 2,100	99.7	232,400	△ 1,300	99.4	12.4	72.0
北陸	309,000	△ 1,000	99.7	276,600	△ 900	99.7	32,400	△ 100	99.7	12.3	89.5
関東・東山	709,100	△ 4,700	99.3	397,200	△ 2,000	99.5	311,900	△ 2,700	99.1	14.1	56.0
東海	252,400	△ 2,600	99.0	151,200	△ 1,000	99.3	101,300	△ 1,500	98.5	8.6	59.9
近畿	219,900	△ 1,700	99.2	170,600	△ 1,200	99.3	49,300	△ 400	99.2	8.0	77.6
中国	235,900	△ 1,900	99.2	182,400	△ 1,200	99.3	53,600	△ 600	98.9	7.4	77.3
四国	133,700	△ 1,400	99.0	87,100	△ 700	99.2	46,600	△ 600	98.7	7.1	65.1
九州	525,300	△ 4,600	99.1	307,300	△ 2,300	99.3	218,100	△ 2,200	99.0	12.4	58.5
沖縄	37,500	△ 500	98.7	820	△ 2	99.8	36,700	△ 500	98.7	16.4	2.2

注：１　耕地率とは、総土地面積のうち、耕地面積（田畑計）が占める割合（％）である。
　　　なお、この総土地面積は、国土交通省国土地理院『全国都道府県市区町村別面積調』による。
　　２　水田率とは、耕地面積（田畑計）のうち、田面積が占める割合（％）である。

(4)　耕地面積の動向をみると、昭和30年代初めは増加傾向で推移したが、昭和36年の608万6,000haを最高にその後年々減少し、昭和41年には599万6,000haと600万haを下回った。その後も高度経済成長のもと、宅地等への転用が大幅に増加したこと等から減少幅が大きくなったが、昭和50年代に入ると、耕地面積の減少は昭和40年代に比べて緩やかになった。

平成元年以降は、増加要因である開墾等の減少に加え、減少要因である宅地等への転用や荒廃農地になったこと等によるかい廃が継続的に発生しているために減少幅が大きくなり、平成８年には499万4,000haと500万haを下回った。その後も、耕地面積は減少を続け、令和元年は439万7,000haで、過去最高であった昭和36年の72.2％となっている（図１）。

図１　耕地面積と拡張・かい廃面積の推移

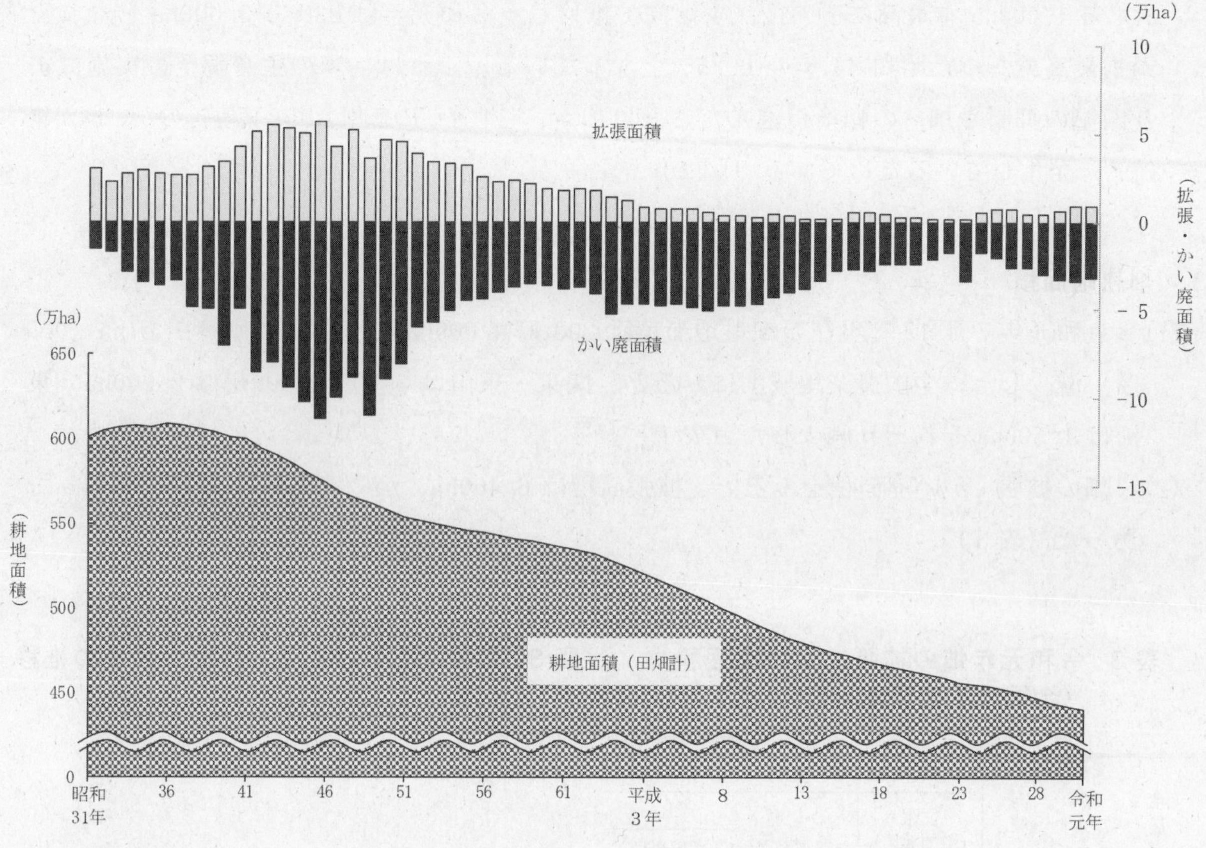

2　田耕地面積

(1)　令和元年７月15日現在の田耕地面積は239万3,000haで、前年に比べ1万2,000ha(0.5%）減少した。全国農業地域別にみると、九州は2,300ha、東北は2,100ha、関東・東山は2,000haそれぞれ減少した（表１）。

(2)　田の拡張・かい廃面積をみると、拡張面積は4,040ha、かい廃面積は1万5,900haであった（表２）。

表２　令和元年田の拡張・かい廃面積（全国農業地域別）

単位：ha

全国農業地域	田 拡張（増加要因）	かい廃（減少要因）	荒廃農地
全国	**4,040**	**15,900**	**5,330**
（対前年差）	50	△　1,100	△　820
北海道	52	350	22
東北	907	3,020	995
北陸	90	938	140
関東・東山	635	2,600	846
東海	147	1,240	304
近畿	329	1,590	671
中国	517	1,770	811
四国	295	1,020	287
九州	1,070	3,410	1,250
沖縄	2	4	3

図２　田耕地面積と拡張・かい廃面積の推移

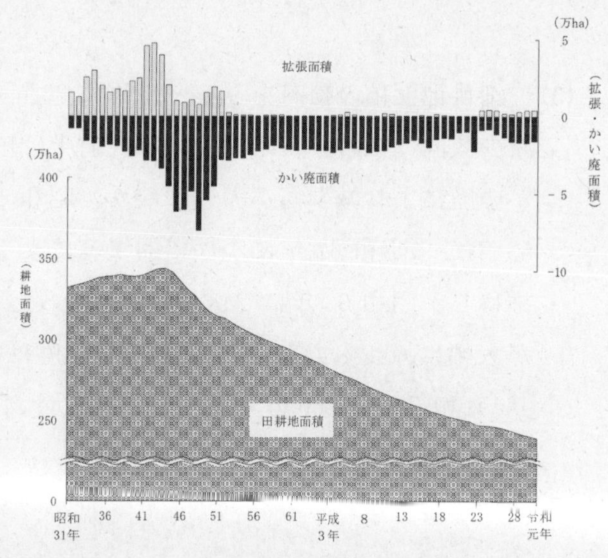

(3)　田耕地面積の動向をみると、昭和40年代前半まで増加傾向であったが、昭和44年の344万1,000haを最高にその後減少傾向で推移し、令和元年は239万3,000haとなり、過去最高であった昭和44年の69.5%となっている。これは、米の生産調整の実施により開墾の抑制や畑への転換が進んだことに加え、宅地等への転用、田の荒廃等のかい廃が継続的に発生しているためである（図2）。

3　畑耕地面積

(1)　令和元年7月15日現在の畑耕地面積は200万4,000haで、前年に比べ1万ha（0.5%）減少した。全国農業地域別にみると、関東・東山は2,700ha、九州は2,200ha、東海は1,500haそれぞれ減少した（表1）。

(2)　畑の拡張・かい廃面積をみると、拡張面積は6,460ha、かい廃面積は1万7,000haであった（表3）。

表3　令和元年畑の拡張・かい廃面積（全国農業地域別）

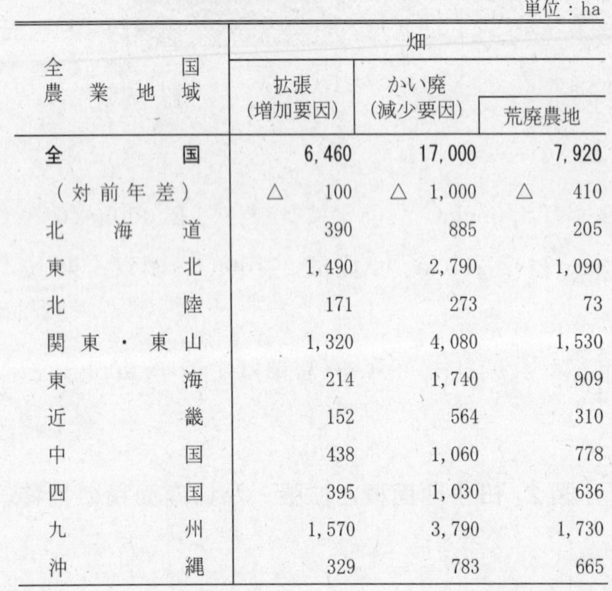

単位：ha

全国農業地域	畑		
	拡張（増加要因）	かい廃（減少要因）	
			荒廃農地
全国	**6,460**	**17,000**	**7,920**
（対前年差）	△ 100	△ 1,000	△ 410
北海道	390	885	205
東北	1,490	2,790	1,090
北陸	171	273	73
関東・東山	1,320	4,080	1,530
東海	214	1,740	909
近畿	152	564	310
中国	438	1,060	778
四国	395	1,030	636
九州	1,570	3,790	1,730
沖縄	329	783	665

図3　畑耕地面積と拡張・かい廃面積の推移

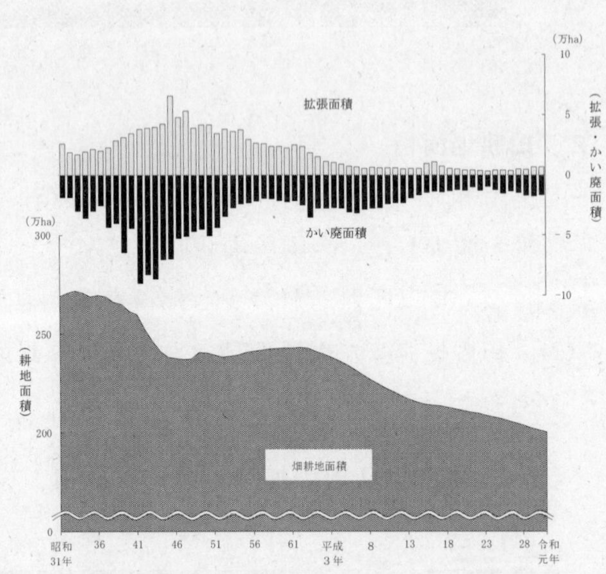

(3)　畑耕地面積の動向をみると、昭和33年の271万9,000haを最高に、昭和34年以降は減少傾向で推移し、昭和40年代前半は田への転換に加え、宅地等への転用、植林等のかい廃により減少幅が大きくなり、昭和45年には240万haを下回った。その後、昭和53年から昭和62年にかけて開墾等による拡張や田への転換の抑制等により増加傾向で推移し、昭和62年に243万haとなった。しかし、昭和63年以降は開墾等による拡張が大幅に減少したことに加え、かい廃は継続的に発生しているため再び減少傾向となり、令和元年は200万4,000haで過去最高であった昭和33年の73.7%となっている（図3）。

(4)　畑耕地面積を種類別にみると、普通畑は113万4,000ha、樹園地は27万3,100ha、牧草地は59万6,800haで、それぞれ前年に比べ4,000ha（0.4%）、4,500ha（1.6%）、1,800ha（0.3%）減少した。

畑種類別の面積割合は、普通畑が56.6%、樹園地が13.6%、牧草地が29.8%となっている（表4）。

表4　令和元年畑種類別面積（全国農業地域別）

全国農業地域	計			普通畑			樹園地			牧草地		
	面積	前年との比較		面積	前年との比較		面積	前年との比較		面積	前年との比較	
		対差	対比		対差	対比		対差	対比		対差	対比
	ha	ha	%	ha	ha	%	ha	ha	%	ha	ha	%
全国	**2,004,000**	**△ 10,000**	**99.5**	**1,134,000**	**△ 4,000**	**99.6**	**273,100**	**△ 4,500**	**98.4**	**596,800**	**△ 1,800**	**99.7**
(構成比 %)	100.0	…	…	56.6	…	…	13.6	…	…	29.8	…	…
北海道	921,800	△ 500	99.9	417,200	0	100.0	3,040	20	100.7	501,500	△ 600	99.9
東北	232,400	△ 1,300	99.4	128,200	△ 400	99.7	46,400	△ 300	99.4	57,700	△ 800	98.6
北陸	32,400	△ 100	99.7	25,700	0	100.0	4,940	△ 60	98.8	1,800	△ 10	99.4
関東・東山	311,900	△ 2,700	99.1	255,600	△ 1,800	99.3	47,400	△ 900	98.1	8,910	△ 110	98.8
東海	101,300	△ 1,500	98.5	58,800	△ 400	99.3	39,800	△ 1,100	97.3	2,660	△ 30	98.9
近畿	49,300	△ 400	99.2	17,300	△ 100	99.4	31,500	△ 300	99.1	483	0	100.0
中国	53,600	△ 600	98.9	35,900	△ 200	99.4	14,700	△ 300	98.0	2,990	△ 190	94.0
四国	46,600	△ 600	98.7	16,600	△ 200	98.8	29,500	△ 500	98.3	494	△ 17	96.7
九州	218,100	△ 2,200	99.0	149,700	△ 1,000	99.3	54,000	△ 1,200	97.8	14,300	△ 100	99.3
沖縄	36,700	△ 500	98.7	28,900	△ 300	99.0	1,890	△ 50	97.4	5,870	△ 150	97.5

Ⅱ　作物別作付（栽培）面積

1　水陸稲（子実用）

(1)　水稲

令和元年産水稲（子実用）の作付面積は146万9,000haで、前年産に比べ1,000ha減少した（表5）。

作付面積の動向をみると、昭和44年の317万3,000haを最高に、昭和45年以降は生産過剰基調となった米の需給均衡を図るための生産調整が実施されたこと等から、減少傾向で推移している（図4）。

(2)　陸稲

令和元年産陸稲（子実用）の作付面積は702haで、前年産に比べ48ha（6％）減少した（表5）。

表5　令和元年産水陸稲（子実用）作付面積（全国農業地域別）

全国農業地域	水陸稲計 作付面積	水陸稲計 前年産との比較 対差	水陸稲計 前年産との比較 対比	水稲 作付面積	水稲 前年産との比較 対差	水稲 前年産との比較 対比	陸稲 作付面積	陸稲 前年産との比較 対差	陸稲 前年産との比較 対比
	ha	ha	%	ha	ha	%	ha	ha	%
全国	**1,470,000**	**0**	**100**	**1,469,000**	**△ 1,000**	**100**	**702**	**△ 48**	**94**
北海道	…	nc	nc	103,000	△ 1,000	99	…	nc	nc
都府県	…	nc	nc	1,366,000	0	100	…	nc	nc
東北	…	nc	nc	382,000	2,900	101	…	nc	nc
北陸	…	nc	nc	206,500	900	100	…	nc	nc
関東・東山	…	nc	nc	271,100	800	100	…	nc	nc
東海	…	nc	nc	93,100	△ 300	100	…	nc	nc
近畿	…	nc	nc	102,600	△ 500	100	…	nc	nc
中国	…	nc	nc	102,100	△ 1,600	98	…	nc	nc
四国	…	nc	nc	48,300	△ 1,000	98	…	nc	nc
九州	…	nc	nc	160,000	△ 400	100	…	nc	nc
沖縄	…	nc	nc	677	△ 39	95	…	nc	nc

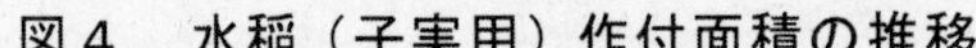

図4　水稲（子実用）作付面積の推移

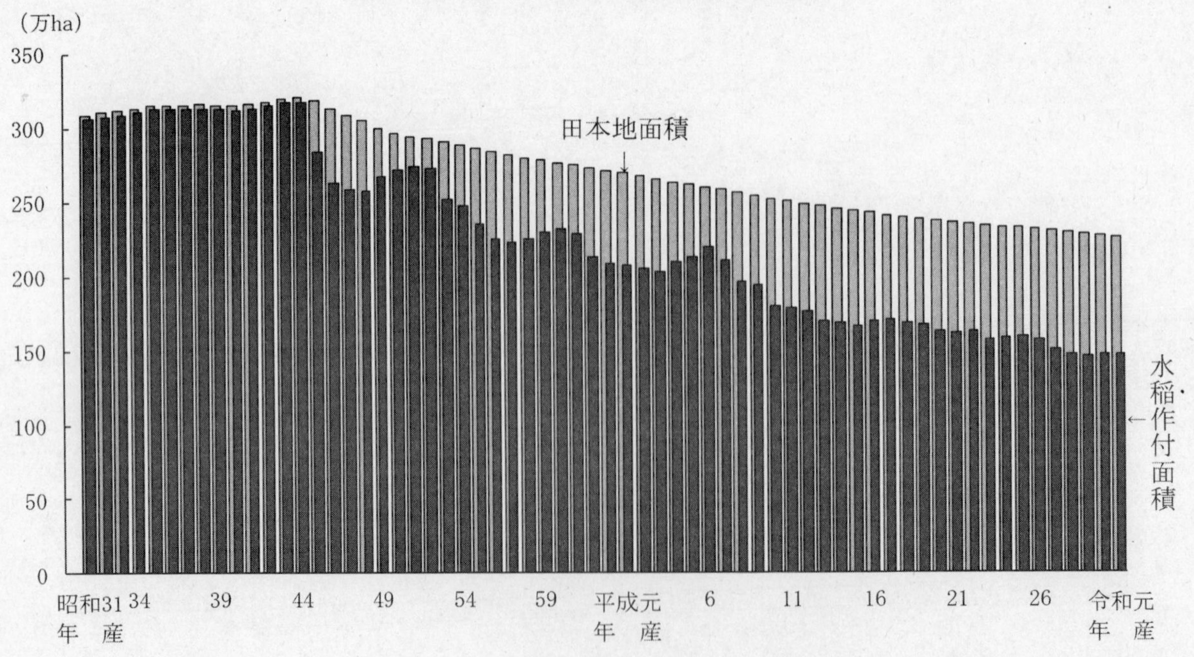

2　麦類（子実用）

(1)　４麦計

令和元年産４麦（子実用）の作付面積は27万3,000haで、前年産並みとなった（表６）。

麦種別には、小麦は300ha減少したものの前年産並み、二条大麦は前年産に比べて300ha（１%）減少した。六条大麦は前年産に比べて400ha（２%）増加し、はだか麦は360ha（７%）増加した。

作付面積の動向をみると、作付農家数の減少、水田裏作の減少等により昭和48年に15万4,800haと過去最低となった。その後、麦の生産振興策が講じられたこと、米の転作作物として田作小麦が増加したこと等により、平成元年には39万6,700haとなった。平成２年以降は水田裏作の減少等により再び減少し、平成７年には21万200haとなった。平成８年以降は米の需給調整対策の推進等に伴い再び増加傾向で推移したが、平成14年以降はほぼ横ばいとなっている（図５）。

表６　令和元年産４麦（子実用）作付面積（田畑別）

区　分	計			田			畑		
	作付面積	前年産との比較		作付面積	前年産との比較		作付面積	前年産との比較	
		対差	対比		対差	対比		対差	対比
	ha	ha	%	ha	ha	%	ha	ha	%
４麦計	273,000	100	100	172,300	1,000	101	100,800	△ 800	99
小　麦	211,600	△ 300	100	116,100	500	100	95,500	△ 800	99
二条大麦	38,000	△ 300	99	34,600	△ 300	99	3,360	30	101
六条大麦	17,700	400	102	16,000	400	103	1,650	△ 60	96
はだか麦	5,780	360	107	5,520	320	106	259	47	122

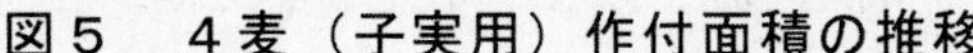
図５　４麦（子実用）作付面積の推移

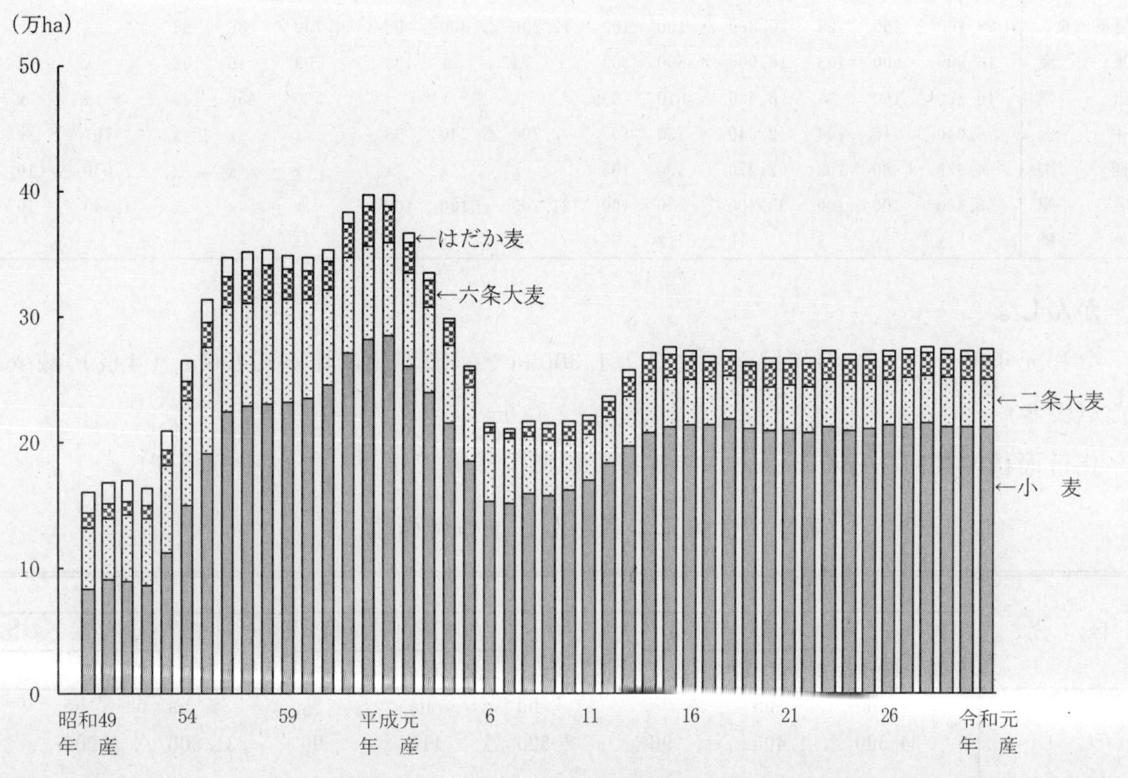

(2) 麦種別作付面積

ア　小麦

令和元年産小麦の作付面積は21万1,600haで、前年産に比べ300ha減少したものの前年並みとなった。

このうち、北海道は12万1,400haで、前年産並みとなった。

また、都府県は９万200haで、前年産に比べ300ha減少した（表７）。

イ　二条大麦

令和元年産二条大麦の作付面積は３万8,000haで、前年産に比べ300ha（１％）減少した。（表７）。

ウ　六条大麦

令和元年産六条大麦の作付面積は１万7,700haで、前年産に比べ400ha（２％）増加した（表７）。

エ　はだか麦

令和元年産はだか麦の作付面積は5,780haで、前年産に比べ360ha（７％）増加した（表７）。

これは、近年の健康志向の高まりから、需要が増加したためである。

表７　令和元年産４麦（子実用）作付面積（全国農業地域別）

全国農業地域	4麦計 作付面積	4麦計 前年産との比較 対差	4麦計 対比	小麦 作付面積	小麦 対差	小麦 対比	二条大麦 作付面積	二条大麦 対差	二条大麦 対比	六条大麦 作付面積	六条大麦 対差	六条大麦 対比	はだか麦 作付面積	はだか麦 対差	はだか麦 対比
	ha	ha	%	ha	ha	%	ha	ha	%	ha	ha	%	ha	ha	%
全国	273,000	100	100	211,600	△ 300	100	38,000	△ 300	99	17,700	400	102	5,780	360	107
北海道	123,300	200	100	121,400	0	100	1,700	40	102	17	x	x	149	85	233
都府県	149,800	0	100	90,200	△ 300	100	36,300	△ 300	99	17,700	400	102	5,630	280	105
東北	7,690	△ 180	98	6,370	△ 200	97	14	9	280	1,300	20	102	7	△ 3	70
北陸	9,660	△ 130	99	376	△ 27	93	2	△ 5	29	9,280	△ 100	99	x	x	x
関東・東山	38,100	△ 400	99	20,800	△ 100	100	12,200	△ 300	98	4,730	△ 80	98	x	x	x
東海	16,800	500	103	16,000	500	103	4	1	133	709	16	102	x	x	x
近畿	10,300	△ 100	99	8,430	△ 610	93	x	x	x	1,520	450	142	x	x	x
中国	6,040	210	104	2,540	130	105	2,700	△ 40	99	x	x	x	707	x	x
四国	4,920	80	102	2,270	100	105	x	x	x	x	x	x	2,630	△ 10	100
九州	56,400	100	100	33,400	0	100	21,200	100	100	x	x	x	1,740	△ 10	99
沖縄	x	x	x	16	△ 13	55	x	x	x	-	-	nc	-	-	nc

3　かんしょ

令和元年産かんしょの作付面積は３万4,300haで、前年産に比べ1,400ha（４％）減少した（表８）。

作付面積の動向をみると、昭和60年以降は減少傾向で推移している（図６）。

表８　令和元年産かんしょ作付面積

区分	計 作付面積	計 前年産との比較 対差	計 対比	田 作付面積	田 対差	田 対比	畑 作付面積	畑 対差	畑 対比
	ha	ha	%	ha	ha	%	ha	ha	%
かんしょ	34,300	△ 1,400	96	2,520	△ 110	96	31,800	△ 1,200	96

図６　かんしょ作付面積の推移

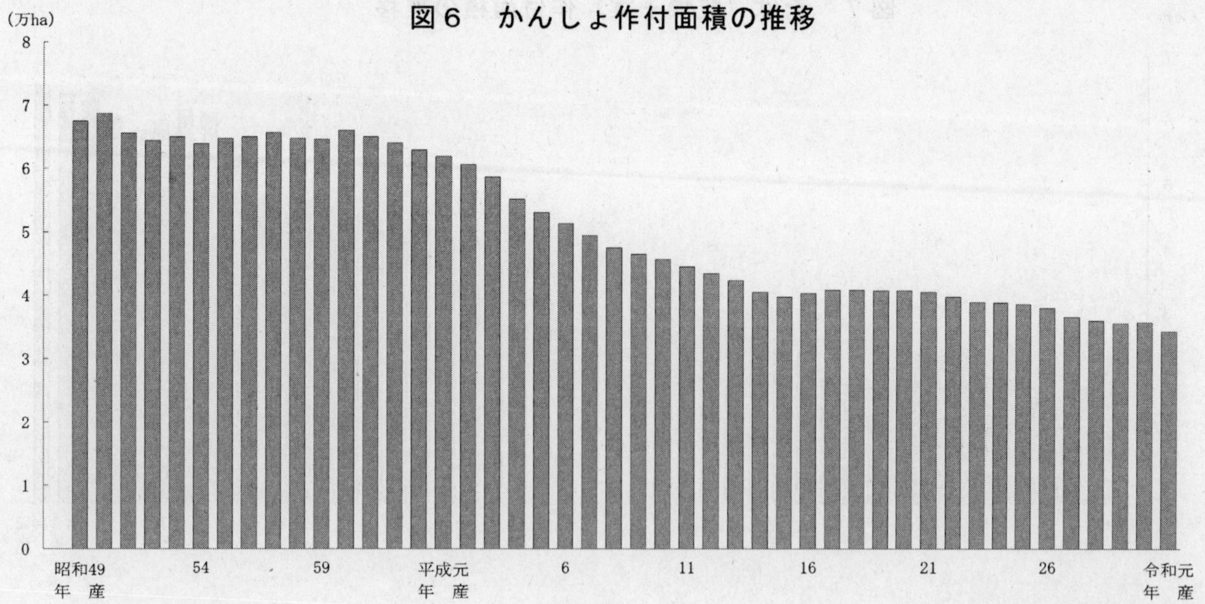

４　そば（乾燥子実）

令和元年産そば（乾燥子実）の作付面積は６万5,400haで、前年産に比べ1,500ha（２％）増加した（表９）。

作付面積の動向をみると、昭和61年以降増加傾向で推移した後、米の生産調整目標面積の緩和措置等により平成４年から平成６年までは減少した。平成７年以降は米の需給調整対策の推進等により再び増加傾向で推移している（図７）。

表９　令和元年産そば（乾燥子実）作付面積（全国農業地域別）

全国農業地域	計 作付面積	計 前年産との比較 対差	計 前年産との比較 対比	田 作付面積	田 前年産との比較 対差	田 前年産との比較 対比	畑 作付面積	畑 前年産との比較 対差	畑 前年産との比較 対比
	ha	ha	%	ha	ha	%	ha	ha	%
全国	**65,400**	**1,500**	**102**	**38,200**	**100**	**100**	**27,200**	**1,400**	**105**
北海道	25,200	800	103	9,600	△ 90	99	15,600	900	106
都府県	40,100	600	102	28,600	200	101	11,600	500	105
東北	16,900	400	102	12,900	300	102	3,950	110	103
北陸	5,350	△ 170	97	4,790	△ 190	96	564	19	103
関東・東山	12,200	600	105	6,570	370	106	5,660	240	104
東海	569	△ 50	92	468	△ 54	90	101	4	104
近畿	919	16	102	887	17	102	32	△ 1	97
中国	1,580	△ 40	98	1,360	△ 30	98	219	△ 4	98
四国	119	△ 17	88	68	△ 9	88	51	△ 8	86
九州	2,460	△ 100	96	1,530	△ 190	89	927	91	111
沖縄	51	△ 2	96	-	-	nc	51	△ 2	96

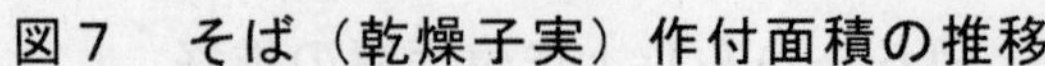

図７　そば（乾燥子実）作付面積の推移

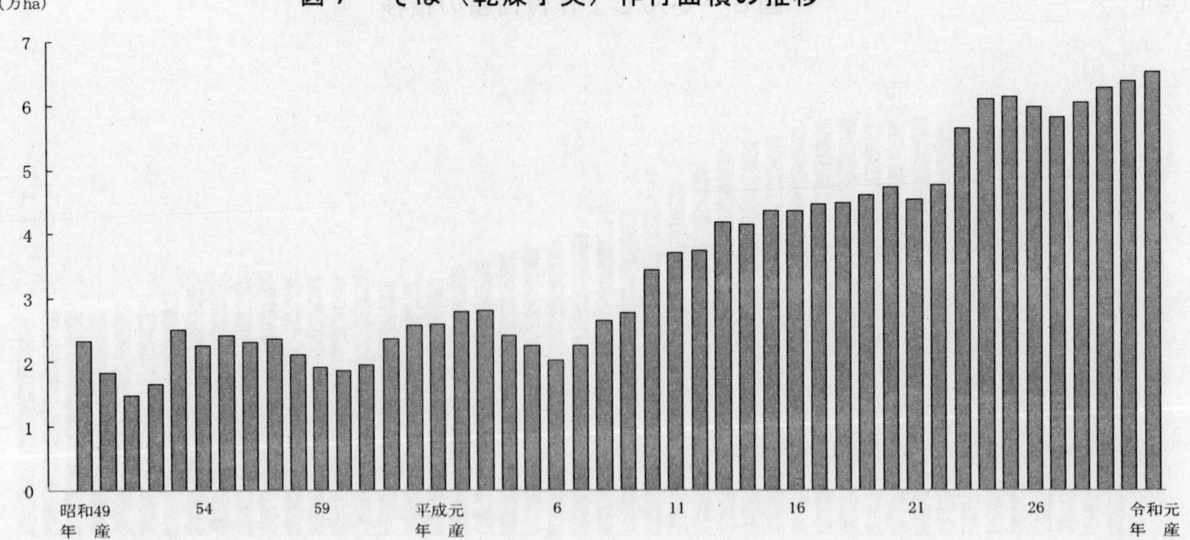

５　豆類（乾燥子実）

(1)　大豆（乾燥子実）

令和元年産大豆（乾燥子実）の作付面積は14万3,500haで、前年産に比べ3,100ha（２％）減少した（表10）。

作付面積の動向をみると、外国産大豆の輸入の増加により減少傾向で推移していたが、昭和53年から米の転作作物として田作大豆を中心に増加した。その後、昭和63年以降は減少傾向で推移し、平成６年には過去最低の６万900haとなった。平成７年から平成15年までは米の需給調整対策の推進等から再び増加傾向で推移し、平成16年以降は上下動のある動きとなっている（図８）。

(2)　小豆（乾燥子実）

令和元年産小豆（乾燥子実）の作付面積は２万5,500haで、前年産に比べ1,800ha（８％）増加した（表10）。

このうち、北海道における作付面積は２万900ha（全国の約８割）で、てんさい等からの転換により、前年産に比べ1,800ha（９％）増加した。

(3)　いんげん（乾燥子実）

令和元年産いんげん（乾燥子実）の作付面積は6,860haで、前年産に比べ490ha（７％）減少した（表10）。

このうち、北海道における作付面積は6,340ha（全国の約９割）で、他作物への転換により、前年産に比べ450ha（７％）減少した。

(4)　らっかせい（乾燥子実）

令和元年産らっかせい（乾燥子実）の作付面積は6,330haで、前年産に比べ40ha（１％）減少した（表10）。

表 10　令和元年産豆類（乾燥子実）作付面積（全国農業地域別）

区分	大豆（乾燥子実）											
	全国	北海道	都府県	東北	北陸	関東・東山	東海	近畿	中国	四国	九州	沖縄
作付面積(ha)	**143,500**	39,100	104,400	35,100	12,400	9,890	11,900	9,410	4,330	489	21,000	0
対前年差(ha)	**△ 3,100**	△ 1,000	△ 2,200	△ 300	△ 600	△ 110	△ 100	△ 290	△ 200	△ 42	△ 400	0
対前年比(%)	**98**	98	98	99	95	99	99	97	96	92	98	0

区分	小豆（乾燥子実）					いんげん（乾燥子実）		らっかせい（乾燥子実）		
	全国	北海道	滋賀	京都	兵庫	全国	北海道	全国	茨城	千葉
作付面積(ha)	**25,500**	20,900	109	447	786	**6,860**	6,340	**6,330**	528	5,060
対前年差(ha)	**1,800**	1,800	56	△ 6	79	**△ 490**	△ 450	**△ 40**	△ 16	△ 20
対前年比(%)	**108**	109	206	99	111	**93**	93	**99**	97	100

図 8　豆類（乾燥子実）作付面積の推移

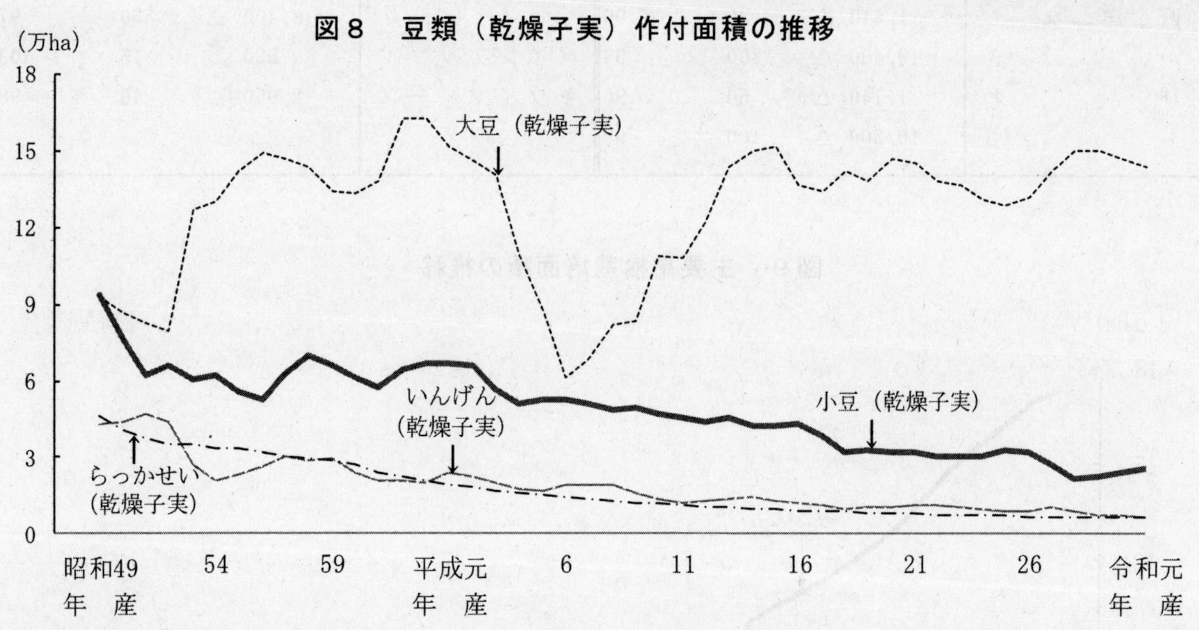

6　果樹

令和元年果樹の主な品目別の栽培面積は、みかんは４万800ha、りんごは３万7,400ha、かきは１万9,400ha、くりは１万8,400haで、それぞれ前年に比べ1,000ha（２％）、300ha（１％）、300ha（２％）、500ha（３％）減少した（表11）。

表11　令和元年果樹栽培面積

区分	栽培面積	前年との比較		区分	栽培面積	前年との比較	
		対差	対比			対差	対比
	ha	ha	%		ha	ha	%
みかん	40,800	△ 1,000	98	すもも	2,930	△ 30	99
その他かんきつ類	25,100	△ 400	98	おうとう	4,690	0	100
りんご	37,400	△ 300	99	うめ	15,200	△ 400	97
日本なし	11,400	△ 300	97	ぶどう	17,800	△ 100	99
西洋なし	1,510	△ 20	99	くり	18,400	△ 500	97
かき	19,400	△ 300	98	パインアップル	580	15	103
びわ	1,140	△ 50	96	キウイフルーツ	2,050	△ 40	98
もも	10,300	△ 100	99				

図９　主要果樹栽培面積の推移

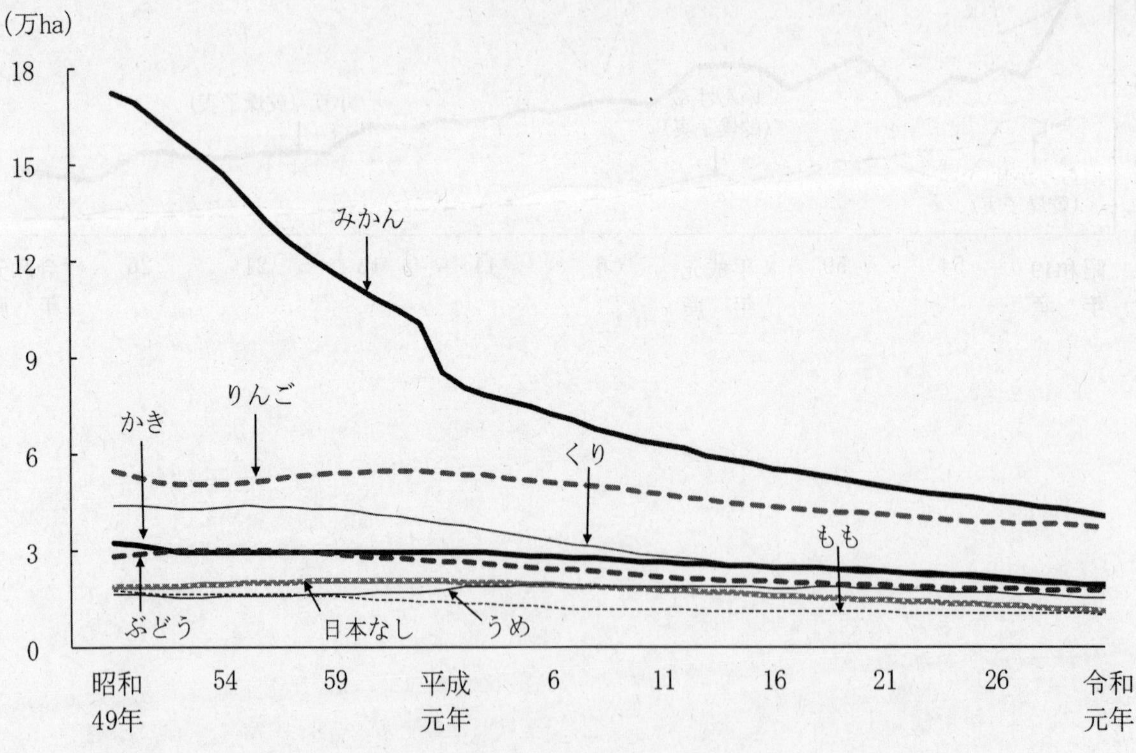

7　茶

令和元年茶の栽培面積は４万600haで、前年に比べ900ha（２％）減少した（表12）。

栽培面積の動向をみると、昭和50年代半ばまでは増加傾向で推移していたものの、それ以降は漸減傾向で推移している。

なお、主産地である静岡県においても、近年全国と同様に漸減傾向で推移している（図10）。

表 12　令和元年茶栽培面積

区　　分	栽培面積	前年との比較	
		対　差	対 比
	ha	ha	%
茶	40,600	△　900	98

図 10　茶栽培面積の推移

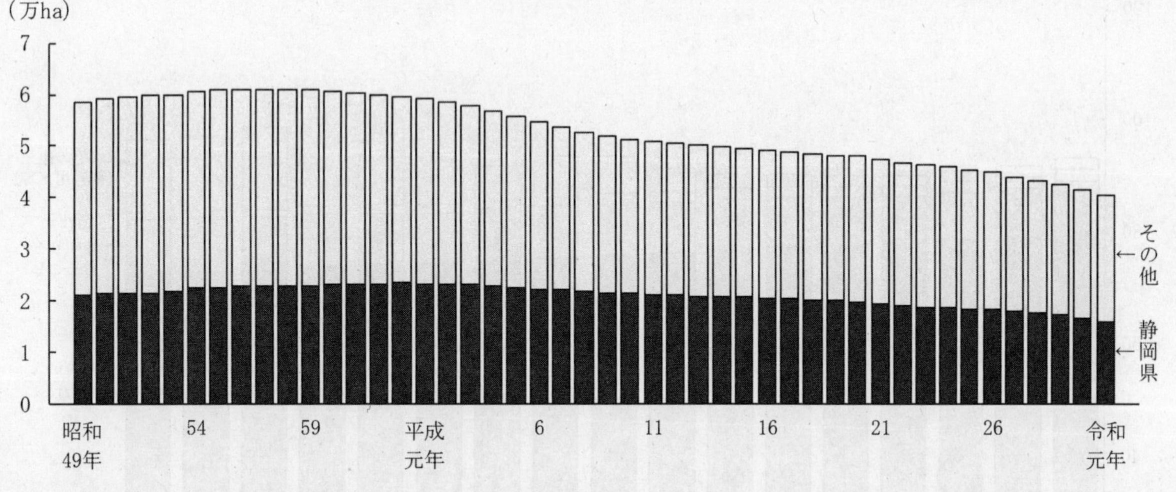

8　飼料作物、えん麦（緑肥用）

(1)　飼料作物の作付（栽培）面積計

令和元年産飼料作物の作付（栽培）面積は96万1,600haで、前年産に比べ8,700ha（１%）減少した（表13）。

ア　牧草

牧草の作付（栽培）面積は72万4,400haで、前年産並みとなった。

イ　青刈りとうもろこし

青刈りとうもろこしの作付面積は９万4,700haで、前年産並みとなった。

ウ　ソルゴー

ソルゴーの作付面積は１万3,300haで、前年産に比べ700ha（５%）減少した。

(2)　えん麦（緑肥用）

えん麦（緑肥用）の作付面積は４万1,600haで、前年産に比べ3,100ha（７％）減少した（表13）。

表 13　令和元年産飼料作物、えん麦（緑肥用）作付（栽培）面積

区　　分	作付（栽培）面　　積	前年産との比較	
		対　差	対 比
	ha	ha	%
飼　料　作　物　計	961,600	△　8,700	99
うち 牧　草	724,400	△　1,600	100
青刈りとうもろこし	94,700	100	100
ソ　ル　ゴ　ー	13,300	△　700	95
え　ん　麦（緑肥用）	41,600	△　3,100	93

注：　飼料作物とは、牧草、青刈りとうもろこし、ソルゴーのほか、その他飼料作物（飼料用米等）を含めた合計である。

図 11　飼料作物作付（栽培）面積の推移

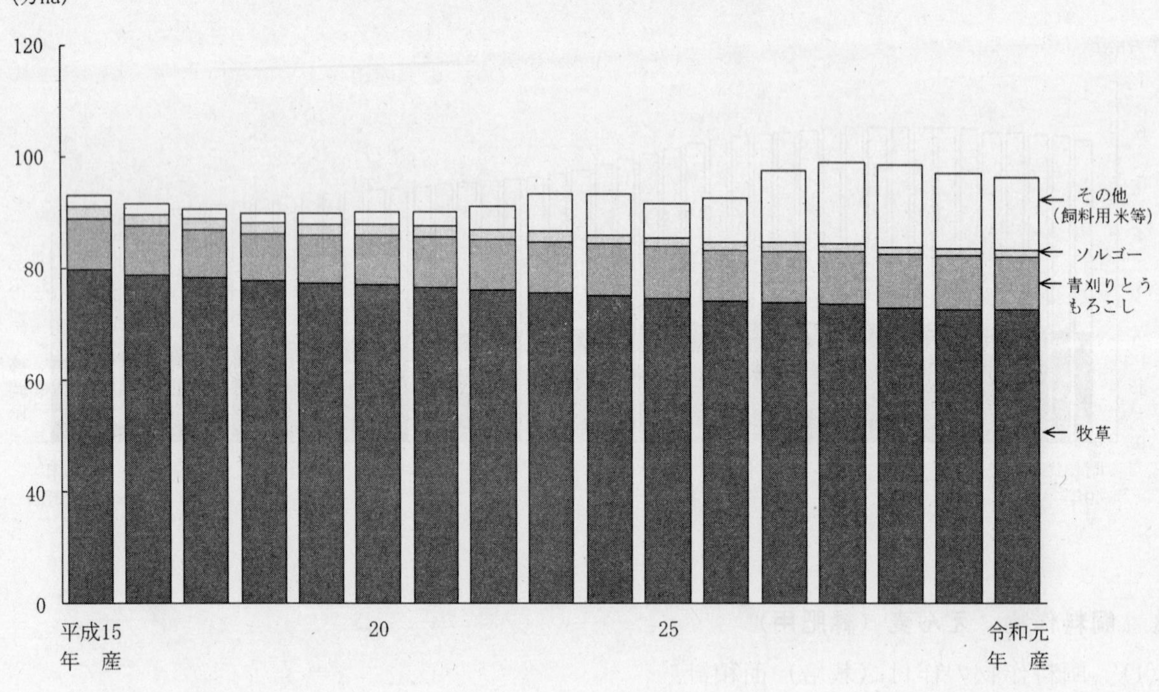

Ⅲ　耕地の利用状況

1　農作物作付（栽培）延べ面積及び耕地利用率（平成30年）

(1)　田の農作物作付（栽培）延べ面積は223万6,000haで、前年並みとなった（表14）。

田の耕地利用率は93.0％で、前年に比べて0.1ポイント上昇した（表14）。

(2)　畑の農作物作付（栽培）延べ面積は181万2,000haで、前年に比べ１万6,000ha（１％）減少した（表14）。

これは、野菜、果樹等の作付（栽培）面積が減少したためである。

畑の耕地利用率は90.0％で、前年に比べて0.2ポイント低下した（表14）。

(3)　この結果、田畑計の農作物作付（栽培）延べ面積は404万8,000haで、前年に比べ２万6,000ha（１％）減少した（表14）。

田畑計の耕地利用率は91.6％で、0.1ポイント低下した（表14）。

表14　平成30年農作物作付（栽培）延べ面積及び耕地利用率

区分	田畑計				田			畑		
	作付（栽培）延べ面積	前年との比較 対差	前年との比較 対比	耕地利用率	作付（栽培）延べ面積	前年との比較 対差	前年との比較 対比	作付（栽培）延べ面積	前年との比較 対差	前年との比較 対比
	ha	ha	%	%	ha	ha	%	ha	ha	%
作付（栽培）延べ面積	**4,048,000**	**△ 26,000**	**99**	**91.6**	**2,236,000**	**△ 11,000**	**100**	**1,812,000**	**△ 16,000**	**99**
水稲（子実用）	1,470,000	5,000	100		…	nc	nc	…	nc	nc
麦類（子実用）	272,900	△ 800	100		171,300	△ 300	100	101,600	△ 500	100
大豆（乾燥子実）	146,600	△ 3,600	98		118,400	△ 2,400	98	28,300	△ 1,100	96
そば（乾燥子実）	63,900	1,000	102		38,100	0	100	25,800	1,000	104
なたね	1,920	△ 60	97		…	nc	nc	…	nc	nc
その他作物	2,093,000	△ 27,000	99		437,200	△ 13,100	97	1,655,000	△ 15,000	99
耕地面積	4,420,000	△ 24,000	99	nc	2,405,000	△ 13,000	99	2,014,000	△ 12,000	99
耕地利用率	91.6	△0.1ﾎﾟｲﾝﾄ	…	nc	93.0	0.1ﾎﾟｲﾝﾄ	…	90.0	△0.2ﾎﾟｲﾝﾄ	…

注：耕地利用率とは、耕地面積を「100」とした作付（栽培）延べ面積の割合である。

$$耕地利用率（\%）=\frac{作付（栽培）延べ面積}{耕地面積}\times 100$$

(4)　作付（栽培）延べ面積の動向をみると、昭和49年から昭和60年は麦類の生産振興による作付面積の増加等からほぼ横ばいで推移した。昭和61年以降は作物ごとに増減はあるものの、総体的には減少傾向で推移している（図12）。

(5)　耕地利用率の動向をみると、昭和48年から平成４年までは100％を越えていたが、平成５年に100％となり、平成６年には99.3％と100％を下回った。平成７年以降はほぼ低下傾向で推移し、平成23年以降はほぼ横ばいで推移している（図12）。

図 12　農作物作付（栽培）延べ面積及び耕地利用率の推移

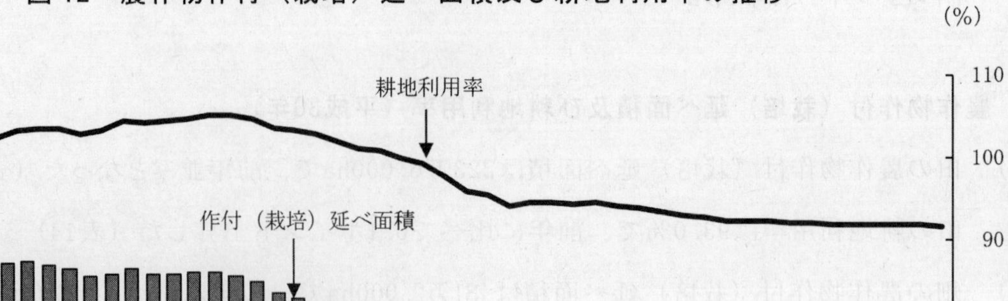

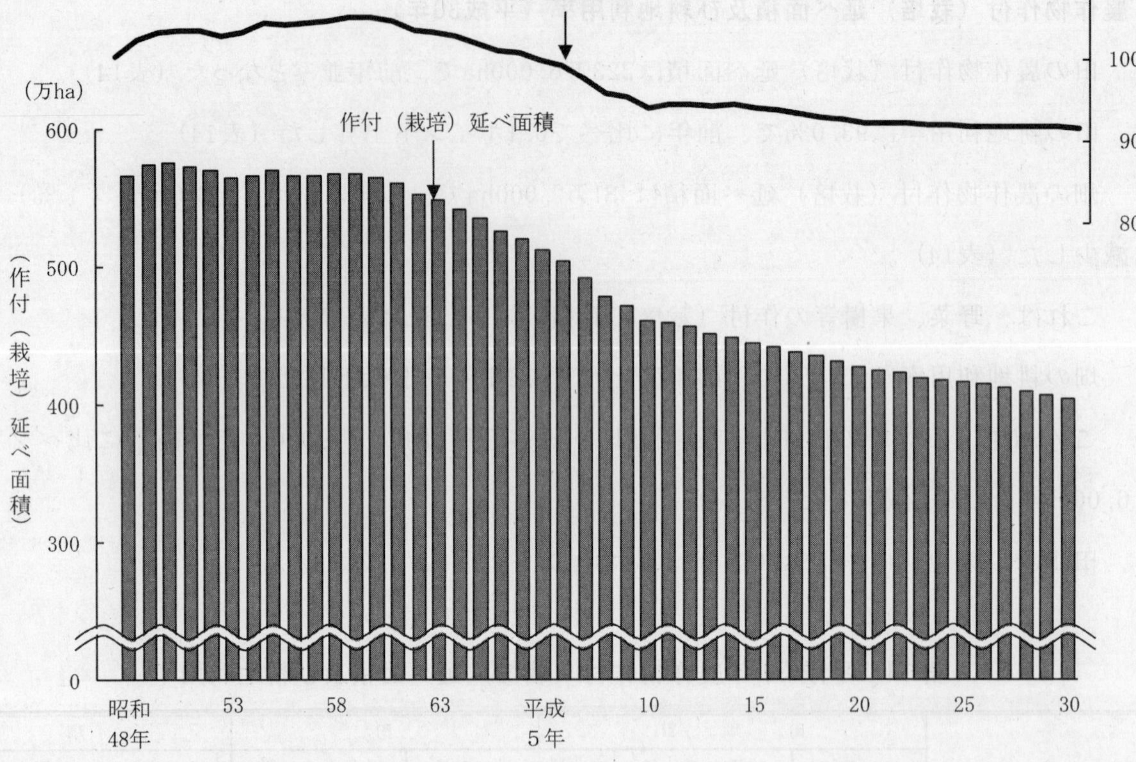

2　夏期における田本地の利用状況

(1)　令和元年夏期（おおむね水稲の栽培期間）における田本地の利用状況をみると、水稲作付田は158万4,000ha（青刈り面積を含む。）で、8,000ha（1％）減少した。

水稲以外の作物のみの作付田は40万3,000haで、4,300ha（1％）減少した。

また、夏期全期不作付地は27万4,100haで、前年並みとなった。

この結果、田本地に占める水稲作付田の割合は70.1％、水稲以外の作物のみの作付田の割合は17.8％、夏期全期不作付地の割合は12.1％となった（表15）。

表15　令和元年夏期における田本地の利用状況

区　分	面 積	前年との比較		構成比
		対 差	対 比	
	ha	ha	%	%
田　本　地	**2,261,000**	**△ 12,000**	**99**	**100.0**
水稲作付田	1,584,000	△ 8,000	99	70.1
水稲以外の作物のみの作付田	403,000	△ 4,300	99	17.8
夏期全期不作付地	274,100	700	100	12.1

(2)　夏期における田本地の利用状況の動向をみると、米の生産調整が実施されて以降、米の生産調整面積の変動による増減はあるものの、水稲作付田は減少傾向で推移し、夏期全期不作付地については増加傾向で推移している（図13）。

図13　夏期における田本地の利用状況の推移

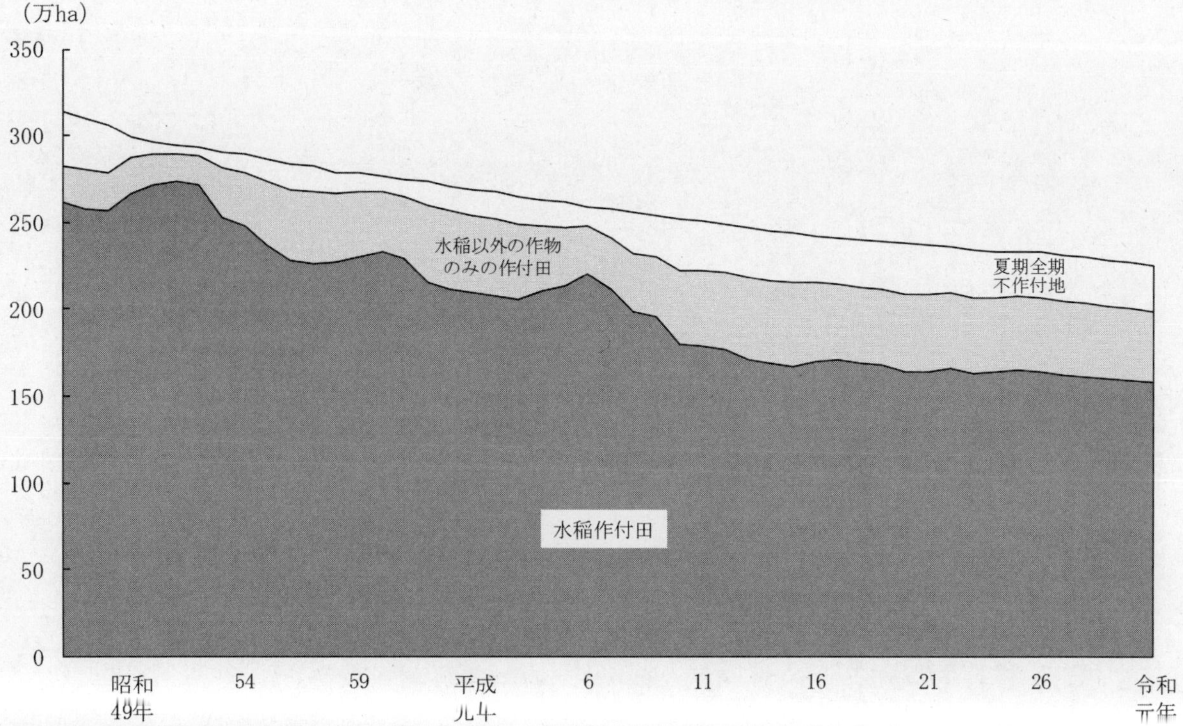

統　　計　　表

Ⅰ　耕地面積及び耕地の拡張・かい廃面積

Ⅰ　耕地面積及び耕地の拡張・かい廃面積

1　田畑別耕地面積

単位：ha

全国農業地域・都道府県	平成30年			令和元年			対前年差		
	計	田	畑	計	田	畑	計	田	畑
	(1)	(2)	(3)	(4)	(5)	(6)	(7)	(8)	(9)
全国	**4,420,000**	**2,405,000**	**2,014,000**	**4,397,000**	**2,393,000**	**2,004,000**	**△ 23,000**	**△ 12,000**	**△ 10,000**
(全国農業地域)									
北海道	1,145,000	222,200	922,300	1,144,000	221,900	921,800	△ 1,000	△ 300	△ 500
都府県	3,275,000	2,183,000	1,092,000	3,254,000	2,171,000	1,082,000	△ 21,000	△ 12,000	△ 10,000
東北	834,100	600,400	233,700	830,700	598,300	232,400	△ 3,400	△ 2,100	△ 1,300
北陸	310,000	277,500	32,500	309,000	276,600	32,400	△ 1,000	△ 900	△ 100
関東・東山	713,800	399,200	314,600	709,100	397,200	311,900	△ 4,700	△ 2,000	△ 2,700
東海	255,000	152,200	102,800	252,400	151,200	101,300	△ 2,600	△ 1,000	△ 1,500
近畿	221,600	171,800	49,700	219,900	170,600	49,300	△ 1,700	△ 1,200	△ 400
中国	237,800	183,600	54,200	235,900	182,400	53,600	△ 1,900	△ 1,200	△ 600
四国	135,100	87,800	47,200	133,700	87,100	46,600	△ 1,400	△ 700	△ 600
九州	529,900	309,600	220,300	525,300	307,300	218,100	△ 4,600	△ 2,300	△ 2,200
沖縄	38,000	822	37,200	37,500	820	36,700	△ 500	△ 2	△ 500
(都道府県)									
北海道	1,145,000	222,200	922,300	1,144,000	221,900	921,800	△ 1,000	△ 300	△ 500
青森	151,000	79,800	71,200	150,500	79,600	70,900	△ 500	△ 200	△ 300
岩手	150,100	94,200	55,900	149,800	94,100	55,700	△ 300	△ 100	△ 200
宮城	126,900	104,900	22,000	126,300	104,400	21,900	△ 600	△ 500	△ 100
秋田	147,600	129,100	18,400	147,100	128,900	18,200	△ 500	△ 200	△ 200
山形	117,700	93,000	24,700	117,300	92,600	24,800	△ 400	△ 400	100
福島	140,800	99,300	41,500	139,600	98,600	41,000	△ 1,200	△ 700	△ 500
茨城	166,000	96,900	69,200	164,600	96,400	68,200	△ 1,400	△ 500	△ 1,000
栃木	123,200	96,400	26,800	122,600	96,100	26,400	△ 600	△ 300	△ 400
群馬	68,400	26,100	42,300	67,600	25,800	41,800	△ 800	△ 300	△ 500
埼玉	74,800	41,400	33,400	74,500	41,300	33,200	△ 300	△ 100	△ 200
千葉	125,200	73,800	51,400	124,600	73,500	51,000	△ 600	△ 300	△ 400
東京	6,790	256	6,530	6,720	249	6,470	△ 70	△ 7	△ 60
神奈川	19,100	3,730	15,400	18,800	3,670	15,100	△ 300	△ 60	△ 300
新潟	170,100	150,900	19,200	169,600	150,600	19,100	△ 500	△ 300	△ 100
富山	58,400	55,800	2,610	58,300	55,600	2,670	△ 100	△ 200	60
石川	41,200	34,300	6,940	41,000	34,100	6,910	△ 200	△ 200	△ 30
福井	40,200	36,500	3,750	40,100	36,400	3,740	△ 100	△ 100	△ 10
山梨	23,700	7,860	15,800	23,500	7,800	15,800	△ 200	△ 60	0
長野	106,700	52,800	54,000	106,100	52,400	53,700	△ 600	△ 400	△ 300
岐阜	56,000	42,900	13,100	55,700	42,600	13,100	△ 300	△ 300	0
静岡	65,300	22,200	43,100	64,100	21,900	42,200	△ 1,200	△ 300	△ 900
愛知	74,900	42,500	32,400	74,200	42,100	32,100	△ 700	△ 400	△ 300
三重	58,900	44,700	14,200	58,400	44,400	14,000	△ 500	△ 300	△ 200
滋賀	51,700	47,700	3,960	51,500	47,600	3,930	△ 200	△ 100	△ 30
京都	30,300	23,600	6,690	29,900	23,300	6,670	△ 400	△ 300	△ 20
大阪	12,800	9,020	3,810	12,700	8,880	3,810	△ 100	△ 140	0
兵庫	73,800	67,400	6,320	73,400	67,200	6,260	△ 400	△ 200	△ 60
奈良	20,500	14,500	6,020	20,200	14,200	5,940	△ 300	△ 300	△ 80
和歌山	32,400	9,520	22,900	32,200	9,460	22,700	△ 200	△ 60	△ 200
鳥取	34,400	23,400	11,000	34,300	23,400	11,000	△ 100	0	0
島根	36,800	29,700	7,070	36,600	29,500	7,030	△ 200	△ 200	△ 40
岡山	64,600	50,600	14,000	64,500	50,600	13,900	△ 100	0	△ 100
広島	54,800	41,000	13,900	54,100	40,600	13,500	△ 700	△ 400	△ 400
山口	47,200	38,900	8,290	46,400	38,300	8,140	△ 800	△ 600	△ 150
徳島	29,000	19,600	9,380	28,800	19,500	9,260	△ 200	△ 100	△ 120
香川	30,200	25,100	5,110	29,900	24,900	5,040	△ 300	△ 200	△ 70
愛媛	48,500	22,500	26,000	48,000	22,300	25,700	△ 500	△ 200	△ 300
高知	27,400	20,700	6,750	27,000	20,400	6,620	△ 400	△ 300	△ 130
福岡	81,400	65,100	16,200	80,300	64,500	15,800	△ 1,100	△ 600	△ 400
佐賀	51,600	42,300	9,280	51,100	42,100	8,960	△ 500	△ 200	△ 320
長崎	46,600	21,300	25,300	46,300	21,200	25,100	△ 300	△ 100	△ 200
熊本	111,600	68,600	42,900	110,700	68,100	42,500	△ 900	△ 500	△ 400
大分	55,400	39,500	15,900	55,100	39,300	15,800	△ 300	△ 200	△ 100
宮崎	66,400	35,700	30,600	66,000	35,400	30,600	△ 400	△ 300	0
鹿児島	117,100	37,000	80,000	116,000	36,700	79,200	△ 1,100	△ 300	△ 800
沖縄	38,000	822	37,200	37,500	820	36,700	△ 500	△ 2	△ 500
関東農政局	779,100	421,300	357,700	773,200	419,100	354,000	△ 5,900	△ 2,200	△ 3,700
東海農政局	189,800	130,100	59,700	188,300	129,200	59,100	△ 1,500	△ 900	△ 600
中国四国農政局	372,900	271,400	101,500	369,600	269,400	100,200	△ 3,300	△ 2,000	△ 1,300

2　本地・けい畔別耕地面積
(1)　田畑計

全国農業地域・都道府県	平成30年			令和元年			前年との比較		耕地率	水田率
	計	本地	けい畔	計	本地	けい畔	対差	対比		
	(1)	(2)	(3)	(4)	(5)	(6)	(7)	(8)	(9)	(10)
	ha	ha	ha	ha	ha	ha	ha	%	%	%
全国	**4,420,000**	**4,244,000**	**175,800**	**4,397,000**	**4,223,000**	**174,700**	**△ 23,000**	**99.5**	**11.8**	**54.4**
(全国農業地域)										
北海道	1,145,000	1,126,000	18,300	1,144,000	1,125,000	18,200	△ 1,000	99.9	14.6	19.4
都府県	3,275,000	3,118,000	157,600	3,254,000	3,097,000	156,500	△ 21,000	99.4	11.0	66.7
東北	834,100	801,400	32,700	830,700	798,100	32,500	△ 3,400	99.6	12.4	72.0
北陸	310,000	296,700	13,200	309,000	295,800	13,200	△ 1,000	99.7	12.3	89.5
関東・東山	713,800	690,400	23,300	709,100	685,900	23,200	△ 4,700	99.3	14.1	56.0
東海	255,000	243,000	12,100	252,400	240,500	12,000	△ 2,600	99.0	8.6	59.9
近畿	221,600	207,500	14,000	219,900	206,000	13,900	△ 1,700	99.2	8.0	77.6
中国	237,800	216,600	21,200	235,900	214,900	21,100	△ 1,900	99.2	7.4	77.3
四国	135,100	127,700	7,380	133,700	126,400	7,310	△ 1,400	99.0	7.1	65.1
九州	529,900	497,400	32,400	525,300	493,200	32,200	△ 4,600	99.1	12.4	58.5
沖縄	38,000	36,800	1,210	37,500	36,300	1,190	△ 500	98.7	16.4	2.2
(都道府県)										
北海道	1,145,000	1,126,000	18,300	1,144,000	1,125,000	18,200	△ 1,000	99.9	14.6	19.4
青森	151,000	146,800	4,200	150,500	146,300	4,190	△ 500	99.7	15.6	52.9
岩手	150,100	142,200	7,980	149,800	141,800	7,950	△ 300	99.8	9.8	62.8
宮城	126,900	122,400	4,510	126,300	121,800	4,490	△ 600	99.5	17.3	82.7
秋田	147,600	142,300	5,320	147,100	141,800	5,310	△ 500	99.7	12.6	87.6
山形	117,700	112,700	4,950	117,300	112,400	4,920	△ 400	99.7	12.6	78.9
福島	140,800	135,000	5,710	139,600	133,900	5,660	△ 1,200	99.1	10.1	70.6
茨城	166,000	163,600	2,380	164,600	162,200	2,370	△ 1,400	99.2	27.0	58.6
栃木	123,200	119,800	3,310	122,600	119,300	3,300	△ 600	99.5	19.1	78.4
群馬	68,400	65,900	2,420	67,600	65,200	2,390	△ 800	98.8	10.6	38.2
埼玉	74,800	73,600	1,240	74,500	73,300	1,230	△ 300	99.6	19.6	55.4
千葉	125,200	121,600	3,590	124,600	121,000	3,570	△ 600	99.5	24.2	59.0
東京	6,790	6,690	97	6,720	6,630	94	△ 70	99.0	3.1	3.7
神奈川	19,100	18,600	523	18,800	18,300	514	△ 300	98.4	7.8	19.5
新潟	170,100	161,100	8,990	169,600	160,700	8,960	△ 500	99.7	13.5	88.8
富山	58,400	56,300	2,120	58,300	56,200	2,110	△ 100	99.8	13.7	95.4
石川	41,200	40,100	1,120	41,000	39,900	1,110	△ 200	99.5	9.8	83.2
福井	40,200	39,200	985	40,100	39,100	982	△ 100	99.8	9.6	90.8
山梨	23,700	22,900	764	23,500	22,800	759	△ 200	99.2	5.3	33.2
長野	106,700	97,700	9,030	106,100	97,200	8,980	△ 600	99.4	7.8	49.4
岐阜	56,000	52,600	3,340	55,700	52,400	3,330	△ 300	99.5	5.2	76.5
静岡	65,300	63,000	2,240	64,100	61,900	2,200	△ 1,200	98.2	8.2	34.2
愛知	74,900	71,400	3,550	74,200	70,700	3,530	△ 700	99.1	14.3	56.7
三重	58,900	55,900	2,930	58,400	55,500	2,900	△ 500	99.2	10.1	76.0
滋賀	51,700	49,400	2,300	51,500	49,200	2,290	△ 200	99.6	12.8	92.4
京都	30,300	28,500	1,800	29,900	28,200	1,780	△ 400	98.7	6.5	77.9
大阪	12,800	12,300	560	12,700	12,100	552	△ 100	99.2	6.7	69.9
兵庫	73,800	67,600	6,200	73,400	67,300	6,170	△ 400	99.5	8.7	91.6
奈良	20,500	19,000	1,580	20,200	18,600	1,550	△ 300	98.5	5.5	70.3
和歌山	32,400	30,900	1,590	32,200	30,600	1,570	△ 200	99.4	6.8	29.4
鳥取	34,400	31,600	2,720	34,300	31,600	2,720	△ 100	99.7	9.8	68.2
島根	36,800	33,500	3,220	36,600	33,400	3,200	△ 200	99.5	5.5	80.6
岡山	64,600	58,800	5,860	64,500	58,600	5,850	△ 100	99.8	9.1	78.4
広島	54,800	49,700	5,140	54,100	49,100	5,080	△ 700	98.7	6.4	75.0
山口	47,200	42,900	4,300	46,400	42,200	4,220	△ 800	98.3	7.6	82.5
徳島	29,000	28,100	864	28,800	27,900	859	△ 200	99.3	6.9	67.7
香川	30,200	28,100	2,060	29,900	27,900	2,050	△ 300	99.0	15.9	83.3
愛媛	48,500	45,500	2,950	48,000	45,100	2,930	△ 500	99.0	8.5	46.5
高知	27,400	25,900	1,500	27,000	25,600	1,480	△ 400	98.5	3.8	75.6
福岡	81,400	77,600	3,790	80,300	76,500	3,740	△ 1,100	98.6	16.1	80.3
佐賀	51,600	49,000	2,520	51,100	48,600	2,490	△ 500	99.0	20.9	82.4
長崎	46,600	43,000	3,570	46,300	42,800	3,550	△ 300	99.4	11.2	45.8
熊本	111,600	103,700	7,870	110,700	102,900	7,800	△ 900	99.2	14.9	61.5
大分	55,400	51,300	4,050	55,100	51,100	4,020	△ 300	99.5	8.7	71.3
宮崎	66,400	63,000	3,330	66,000	62,700	3,310	△ 400	99.4	8.5	53.6
鹿児島	117,100	109,700	7,310	116,000	108,700	7,250	△ 1,100	99.1	12.6	31.6
沖縄	38,000	36,800	1,210	37,500	36,300	1,190	△ 500	98.7	16.4	2.2
関東農政局	779,100	753,500	25,600	773,200	747,700	25,400	△ 5,900	99.2	13.3	54.2
東海農政局	189,800	179,900	9,820	188,300	178,600	9,760	△ 1,500	99.2	8.7	68.6
中国四国農政局	372,900	344,200	28,600	369,600	341,300	28,400	△ 3,300	99.1	7.3	72.9

注：1　耕地率は、総土地面積のうち、令和元年の耕地面積（田畑計）が占める割合（%）である。
　　　なお、2の総土地面積は、国土交通省国土地理院『平成30年全国都道府県市区町村別面積調』による。
　　2　水田率は、令和元年の耕地面積（田畑計）のうち、田面積が占める割合（%）である。

2　本地・けい畔別耕地面積（続き）
(2)　田

全国農業地域・都道府県	平成30年			令和元年			前年との比較	
	計	本地	けい畔	計	本地	けい畔	対差	対比
	(1)	(2)	(3)	(4)	(5)	(6)	(7)	(8)
	ha	ha	ha	ha	ha	ha	ha	%
全国	**2,405,000**	**2,273,000**	**132,600**	**2,393,000**	**2,261,000**	**131,900**	**△ 12,000**	**99.5**
（全国農業地域）								
北海道	222,200	210,500	11,700	221,900	210,300	11,700	△ 300	99.9
都府県	2,183,000	2,062,000	120,900	2,171,000	2,051,000	120,300	△ 12,000	99.5
東北	600,400	571,200	29,200	598,300	569,200	29,100	△ 2,100	99.7
北陸	277,500	264,600	12,900	276,600	263,800	12,800	△ 900	99.7
関東・東山	399,200	380,900	18,300	397,200	379,000	18,200	△ 2,000	99.5
東海	152,200	143,800	8,450	151,200	142,800	8,400	△ 1,000	99.3
近畿	171,800	160,000	11,800	170,600	158,800	11,700	△ 1,200	99.3
中国	183,600	166,500	17,100	182,400	165,300	17,000	△ 1,200	99.3
四国	87,800	83,400	4,410	87,100	82,700	4,370	△ 700	99.2
九州	309,600	290,900	18,700	307,300	288,700	18,600	△ 2,300	99.3
沖縄	822	769	53	820	767	53	△ 2	99.8
（都道府県）								
北海道	222,200	210,500	11,700	221,900	210,300	11,700	△ 300	99.9
青森	79,800	75,800	4,040	79,600	75,600	4,030	△ 200	99.7
岩手	94,200	88,000	6,230	94,100	87,900	6,220	△ 100	99.9
宮城	104,900	101,100	3,790	104,400	100,700	3,770	△ 500	99.5
秋田	129,100	123,900	5,260	128,900	123,600	5,250	△ 200	99.8
山形	93,000	88,200	4,830	92,600	87,800	4,810	△ 400	99.6
福島	99,300	94,300	5,020	98,600	93,600	4,980	△ 700	99.3
茨城	96,900	94,700	2,120	96,400	94,300	2,110	△ 500	99.5
栃木	96,400	93,300	3,120	96,100	93,000	3,110	△ 300	99.7
群馬	26,100	24,400	1,640	25,800	24,100	1,630	△ 300	98.9
埼玉	41,400	40,500	951	41,300	40,300	947	△ 100	99.8
千葉	73,800	70,700	3,110	73,500	70,400	3,100	△ 300	99.6
東京	256	243	13	249	237	12	△ 7	97.3
神奈川	3,730	3,570	155	3,670	3,520	152	△ 60	98.4
新潟	150,900	142,200	8,740	150,600	141,900	8,710	△ 300	99.8
富山	55,800	53,700	2,090	55,600	53,500	2,080	△ 200	99.6
石川	34,300	33,200	1,100	34,100	33,000	1,100	△ 200	99.4
福井	36,500	35,500	929	36,400	35,400	927	△ 100	99.7
山梨	7,860	7,190	672	7,800	7,130	667	△ 60	99.2
長野	52,800	46,200	6,520	52,400	45,900	6,480	△ 400	99.2
岐阜	42,900	39,800	3,080	42,600	39,600	3,070	△ 300	99.3
静岡	22,200	21,200	965	21,900	21,000	956	△ 300	98.6
愛知	42,500	40,500	2,060	42,100	40,100	2,040	△ 400	99.1
三重	44,700	42,400	2,350	44,400	42,100	2,330	△ 300	99.3
滋賀	47,700	45,500	2,260	47,600	45,300	2,250	△ 100	99.8
京都	23,600	21,900	1,700	23,300	21,600	1,670	△ 300	98.7
大阪	9,020	8,510	507	8,880	8,380	499	△ 140	98.4
兵庫	67,400	61,700	5,760	67,200	61,400	5,740	△ 200	99.7
奈良	14,500	13,400	1,130	14,200	13,100	1,100	△ 300	97.9
和歌山	9,520	9,040	480	9,460	8,990	478	△ 60	99.4
鳥取	23,400	21,100	2,270	23,400	21,100	2,270	0	100.0
島根	29,700	27,000	2,690	29,500	26,900	2,680	△ 200	99.3
岡山	50,600	46,000	4,620	50,600	46,000	4,620	0	100.0
広島	41,000	37,000	3,990	40,600	36,600	3,960	△ 400	99.0
山口	38,900	35,400	3,560	38,300	34,800	3,490	△ 600	98.5
徳島	19,600	19,100	535	19,500	19,000	532	△ 100	99.5
香川	25,100	23,300	1,760	24,900	23,100	1,740	△ 200	99.2
愛媛	22,500	21,400	1,090	22,300	21,200	1,080	△ 200	99.1
高知	20,700	19,600	1,030	20,400	19,400	1,020	△ 300	98.6
福岡	65,100	62,100	3,030	64,500	61,500	3,000	△ 600	99.1
佐賀	42,300	40,400	1,840	42,100	40,300	1,840	△ 200	99.5
長崎	21,300	19,800	1,550	21,200	19,600	1,540	△ 100	99.5
熊本	68,600	64,300	4,310	68,100	63,900	4,290	△ 500	99.3
大分	39,500	36,300	3,190	39,300	36,100	3,170	△ 200	99.5
宮崎	35,700	33,400	2,340	35,400	33,100	2,310	△ 300	99.2
鹿児島	37,000	34,600	2,460	36,700	34,300	2,440	△ 300	99.2
沖縄	822	769	53	820	767	53	△ 2	99.8
関東農政局	421,300	402,100	19,300	419,100	400,000	19,200	△ 2,200	99.5
東海農政局	130,100	122,600	7,490	129,200	121,800	7,450	△ 900	99.3
中国四国農政局	271,400	249,900	21,500	269,400	248,000	21,400	△ 2,000	99.3

(3) 畑

全国農業地域・都道府県	平成30年			令和元年			前年との比較	
	計	本地	けい畔	計	本地	けい畔	対差	対比
	(1)	(2)	(3)	(4)	(5)	(6)	(7)	(8)
	ha	ha	ha	ha	ha	ha	ha	%
全国	**2,014,000**	**1,971,000**	**43,200**	**2,004,000**	**1,961,000**	**42,800**	**△ 10,000**	**99.5**
(全国農業地域)								
北海道	922,300	915,700	6,590	921,800	915,200	6,580	△ 500	99.9
都府県	1,092,000	1,056,000	36,600	1,082,000	1,046,000	36,200	△ 10,000	99.1
東北	233,700	230,200	3,490	232,400	228,900	3,460	△ 1,300	99.4
北陸	32,500	32,100	359	32,400	32,000	356	△ 100	99.7
関東・東山	314,600	309,600	5,040	311,900	306,900	5,000	△ 2,700	99.1
東海	102,800	99,200	3,610	101,300	97,700	3,550	△ 1,500	98.5
近畿	49,700	47,500	2,190	49,300	47,100	2,170	△ 400	99.2
中国	54,200	50,100	4,110	53,600	49,500	4,060	△ 600	98.9
四国	47,200	44,300	2,970	46,600	43,700	2,940	△ 600	98.7
九州	220,300	206,600	13,700	218,100	204,500	13,600	△ 2,200	99.0
沖縄	37,200	36,000	1,150	36,700	35,600	1,140	△ 500	98.7
(都道府県)								
北海道	922,300	915,700	6,590	921,800	915,200	6,580	△ 500	99.9
青森	71,200	71,000	159	70,900	70,700	158	△ 300	99.6
岩手	55,900	54,200	1,750	55,700	53,900	1,730	△ 200	99.6
宮城	22,000	21,300	723	21,900	21,200	718	△ 100	99.5
秋田	18,400	18,400	55	18,200	18,200	55	△ 200	98.9
山形	24,700	24,600	118	24,800	24,600	118	100	100.4
福島	41,500	40,800	691	41,000	40,300	682	△ 500	98.8
茨城	69,200	68,900	256	68,200	68,000	253	△ 1,000	98.6
栃木	26,800	26,600	190	26,400	26,300	187	△ 400	98.5
群馬	42,300	41,500	773	41,800	41,100	765	△ 500	98.8
埼玉	33,400	33,100	284	33,200	32,900	284	△ 200	99.4
千葉	51,400	50,900	473	51,000	50,600	470	△ 400	99.2
東京	6,530	6,450	84	6,470	6,390	82	△ 60	99.1
神奈川	15,400	15,000	368	15,100	14,700	362	△ 300	98.1
新潟	19,200	18,900	254	19,100	18,800	251	△ 100	99.5
富山	2,610	2,580	31	2,670	2,640	32	60	102.3
石川	6,940	6,920	18	6,910	6,890	18	△ 30	99.6
福井	3,750	3,690	56	3,740	3,680	55	△ 10	99.7
山梨	15,800	15,800	92	15,800	15,700	92	0	100.0
長野	54,000	51,500	2,520	53,700	51,200	2,510	△ 300	99.4
岐阜	13,100	12,800	254	13,100	12,800	254	0	100.0
静岡	43,100	41,800	1,270	42,200	40,900	1,250	△ 900	97.9
愛知	32,400	30,900	1,500	32,100	30,600	1,480	△ 300	99.1
三重	14,200	13,600	581	14,000	13,400	573	△ 200	98.6
滋賀	3,960	3,920	38	3,930	3,900	37	△ 30	99.2
京都	6,690	6,590	102	6,670	6,570	102	△ 20	99.7
大阪	3,810	3,760	53	3,810	3,760	53	0	100.0
兵庫	6,320	5,890	437	6,260	5,820	433	△ 60	99.1
奈良	6,020	5,560	452	5,940	5,490	446	△ 80	98.7
和歌山	22,900	21,800	1,110	22,700	21,600	1,090	△ 200	99.1
鳥取	11,000	10,500	451	11,000	10,500	449	0	100.0
島根	7,070	6,540	527	7,030	6,500	523	△ 40	99.4
岡山	14,000	12,800	1,240	13,900	12,700	1,230	△ 100	99.3
広島	13,900	12,700	1,150	13,500	12,400	1,130	△ 400	97.1
山口	8,290	7,550	741	8,140	7,410	727	△ 150	98.2
徳島	9,380	9,050	329	9,260	8,930	327	△ 120	98.7
香川	5,110	4,800	306	5,040	4,740	302	△ 70	98.6
愛媛	26,000	24,100	1,870	25,700	23,800	1,850	△ 300	98.8
高知	6,750	6,280	465	6,620	6,160	456	△ 130	98.1
福岡	16,200	15,500	763	15,800	15,100	741	△ 400	97.5
佐賀	9,280	8,600	680	8,960	8,300	657	△ 320	96.6
長崎	25,300	23,300	2,020	25,100	23,100	2,000	△ 200	99.2
熊本	42,900	39,400	3,550	42,500	39,000	3,510	△ 400	99.1
大分	15,900	15,000	855	15,800	14,900	851	△ 100	99.4
宮崎	30,600	29,600	995	30,600	29,600	994	0	100.0
鹿児島	80,000	75,200	4,840	79,200	74,400	4,800	△ 800	99.0
沖縄	37,200	36,000	1,150	36,700	35,600	1,140	△ 500	98.7
関東農政局	357,700	351,400	6,310	354,000	347,800	6,250	△ 3,700	99.0
東海農政局	59,700	57,300	2,330	59,100	56,800	2,310	△ 600	99.0
中国四国農政局	101,500	94,400	7,080	100,200	93,200	6,990	△ 1,300	98.7

3　畑耕地の種類別面積

単位：ha

全国農業地域・都道府県	平成30年 計	平成30年 普通畑	平成30年 樹園地	平成30年 牧草地	令和元年 計	令和元年 普通畑	令和元年 樹園地	令和元年 牧草地	対前年差 計	対前年差 普通畑	対前年差 樹園地	対前年差 牧草地
	(1)	(2)	(3)	(4)	(5)	(6)	(7)	(8)	(9)	(10)	(11)	(12)
全国	**2,014,000**	**1,138,000**	**277,600**	**598,600**	**2,004,000**	**1,134,000**	**273,100**	**596,800**	**△ 10,000**	**△ 4,000**	**△ 4,500**	**△ 1,80**
(全国農業地域)												
北海道	922,300	417,200	3,020	502,100	921,800	417,200	3,040	501,500	△ 500	0	20	△ 60
都府県	1,092,000	721,000	274,600	96,600	1,082,000	716,800	270,100	95,300	△ 10,000	△ 4,200	△ 4,500	△ 1,30
東北	233,700	128,600	46,700	58,500	232,400	128,200	46,400	57,700	△ 1,300	△ 400	△ 300	△ 80
北陸	32,500	25,700	5,000	1,810	32,400	25,700	4,940	1,800	△ 100	0	△ 60	△ 1
関東・東山	314,600	257,400	48,300	9,020	311,900	255,600	47,400	8,910	△ 2,700	△ 1,800	△ 900	△ 11
東海	102,800	59,200	40,900	2,690	101,300	58,800	39,800	2,660	△ 1,500	△ 400	△ 1,100	△ 3
近畿	49,700	17,400	31,800	483	49,300	17,300	31,500	483	△ 400	△ 100	△ 300	
中国	54,200	36,100	15,000	3,180	53,600	35,900	14,700	2,990	△ 600	△ 200	△ 300	△ 19
四国	47,200	16,800	30,000	511	46,600	16,600	29,500	494	△ 600	△ 200	△ 500	△ 1
九州	220,300	150,700	55,200	14,400	218,100	149,700	54,000	14,300	△ 2,200	△ 1,000	△ 1,200	△ 10
沖縄	37,200	29,200	1,940	6,020	36,700	28,900	1,890	5,870	△ 500	△ 300	△ 50	△ 15
(都道府県)												
北海道	922,300	417,200	3,020	502,100	921,800	417,200	3,040	501,500	△ 500	0	20	△ 60
青森	71,200	35,000	22,400	13,700	70,900	35,200	22,300	13,400	△ 300	200	△ 100	△ 30
岩手	55,900	24,900	3,590	27,400	55,700	24,900	3,560	27,200	△ 200	0	△ 30	△ 20
宮城	22,000	15,000	1,220	5,750	21,900	15,000	1,190	5,730	△ 100	0	△ 30	△ 2
秋田	18,400	11,800	2,370	4,240	18,200	11,800	2,330	4,100	△ 200	0	△ 40	△ 14
山形	24,700	12,100	10,400	2,190	24,800	12,200	10,300	2,180	100	100	△ 100	△ 1
福島	41,500	29,600	6,660	5,190	41,000	29,200	6,710	5,100	△ 500	△ 400	50	△ 9
茨城	69,200	62,400	6,410	384	68,200	61,700	6,160	382	△ 1,000	△ 700	△ 250	△
栃木	26,800	22,000	2,180	2,570	26,400	21,700	2,150	2,570	△ 400	△ 300	△ 30	
群馬	42,300	37,800	3,130	1,350	41,800	37,600	3,010	1,260	△ 500	△ 200	△ 120	△ 9
埼玉	33,400	30,300	2,970	68	33,200	30,300	2,880	68	△ 200	0	△ 90	
千葉	51,400	47,700	3,240	473	51,000	47,400	3,140	464	△ 400	△ 300	△ 100	△
東京	6,530	4,900	1,570	62	6,470	4,870	1,540	62	△ 60	△ 30	△ 30	
神奈川	15,400	11,800	3,560	-	15,100	11,600	3,500	-	△ 300	△ 200	△ 60	
新潟	19,200	16,200	2,230	798	19,100	16,100	2,180	798	△ 100	△ 100	△ 50	
富山	2,610	1,650	717	243	2,670	1,710	731	232	60	60	14	△ 1
石川	6,940	5,150	1,290	503	6,910	5,130	1,270	503	△ 30	△ 20	△ 20	
福井	3,750	2,720	768	263	3,740	2,710	758	263	△ 10	△ 10	△ 10	
山梨	15,800	4,850	10,100	857	15,800	4,840	10,100	857	0	△ 10	0	
長野	54,000	35,700	15,000	3,260	53,700	35,600	14,900	3,250	△ 300	△ 100	△ 100	△ 1
岐阜	13,100	8,850	3,100	1,160	13,100	8,840	3,070	1,150	0	△ 10	△ 30	△ 1
静岡	43,100	15,500	26,500	1,140	42,200	15,400	25,700	1,140	△ 900	△ 100	△ 800	
愛知	32,400	26,600	5,480	363	32,100	26,300	5,420	350	△ 300	△ 300	△ 60	△ 1
三重	14,200	8,340	5,790	26	14,000	8,320	5,630	26	△ 200	△ 20	△ 160	
滋賀	3,960	2,890	1,010	55	3,930	2,880	996	55	△ 30	△ 10	△ 14	
京都	6,690	3,610	3,020	68	6,670	3,600	3,010	68	△ 20	△ 10	△ 10	
大阪	3,810	1,820	1,990	-	3,810	1,840	1,970	-	0	20	△ 20	
兵庫	6,320	4,390	1,650	292	6,260	4,330	1,640	292	△ 60	△ 60	△ 10	
奈良	6,020	2,410	3,570	37	5,940	2,380	3,520	37	△ 80	△ 30	△ 50	
和歌山	22,900	2,330	20,600	31	22,700	2,290	20,400	31	△ 200	△ 40	△ 200	
鳥取	11,000	8,520	1,590	869	11,000	8,590	1,510	869	0	70	△ 80	
島根	7,070	5,190	1,360	526	7,030	5,170	1,330	526	△ 40	△ 20	△ 30	
岡山	14,000	9,740	3,630	638	13,900	9,680	3,600	627	△ 100	△ 60	△ 30	△ 1
広島	13,900	7,430	5,630	816	13,500	7,390	5,520	636	△ 400	△ 40	△ 110	△ 18
山口	8,290	5,190	2,770	334	8,140	5,110	2,700	334	△ 150	△ 80	△ 70	
徳島	9,380	5,480	3,790	103	9,260	5,430	3,730	103	△ 120	△ 50	△ 60	
香川	5,110	2,240	2,850	20	5,040	2,210	2,810	20	△ 70	△ 30	△ 40	
愛媛	26,000	6,180	19,600	196	25,700	6,140	19,400	196	△ 300	△ 40	△ 200	
高知	6,750	2,880	3,670	192	6,620	2,850	3,600	175	△ 130	△ 30	△ 70	△ 1
福岡	16,200	7,690	8,350	204	15,800	7,440	8,160	203	△ 400	△ 250	△ 190	△
佐賀	9,280	4,240	4,990	51	8,960	4,190	4,720	51	△ 320	△ 50	△ 270	
長崎	25,300	19,200	5,820	300	25,100	19,100	5,720	300	△ 200	△ 100	△ 100	
熊本	42,900	22,100	14,000	6,820	42,500	22,100	13,700	6,800	△ 400	0	△ 300	△ 2
大分	15,900	8,660	4,480	2,720	15,800	8,630	4,460	2,710	△ 100	△ 30	△ 20	△ 1
宮崎	30,600	25,100	4,360	1,150	30,600	25,200	4,250	1,150	0	100	△ 110	
鹿児島	80,000	63,700	13,200	3,170	79,200	63,100	13,000	3,140	△ 800	△ 600	△ 200	△ 3
沖縄	37,200	29,200	1,940	6,020	36,700	28,900	1,890	5,870	△ 500	△ 300	△ 50	△ 15
関東農政局	357,700	272,800	74,800	10,200	354,000	270,900	73,000	10,000	△ 3,700	△ 1,900	△ 1,800	△ 20
東海農政局	59,700	43,800	14,400	1,550	59,100	43,500	14,100	1,520	△ 600	△ 300	△ 300	△ 3
中国四国農政局	101,500	52,800	44,900	3,690	100,200	52,600	44,100	3,490	△ 1,300	△ 200	△ 800	△ 20

4　耕地の拡張・かい廃面積

単位：ha

全国農業地域・都道府県	田畑計			田			畑		
	拡張（増加要因）	かい廃（減少要因）	荒廃農地	拡張（増加要因）	かい廃（減少要因）	荒廃農地	拡張（増加要因）	かい廃（減少要因）	荒廃農地
	(1)	(2)	(3)	(4)	(5)	(6)	(7)	(8)	(9)
全国	**9,240**	**31,700**	**13,200**	**4,040**	**15,900**	**5,330**	**6,460**	**17,000**	**7,920**
（全国農業地域）									
北海道	442	1,240	227	52	350	22	390	885	205
都府県	8,800	30,400	13,000	3,990	15,600	5,300	6,070	16,100	7,710
東北	1,870	5,280	2,080	907	3,020	995	1,490	2,790	1,090
北陸	133	1,080	213	90	938	140	171	273	73
関東・東山	1,790	6,530	2,370	635	2,600	846	1,320	4,080	1,530
東海	282	2,900	1,210	147	1,240	304	214	1,740	909
近畿	430	2,100	981	329	1,590	671	152	564	310
中国	831	2,710	1,590	517	1,770	811	438	1,060	778
四国	629	1,990	923	295	1,020	287	395	1,030	636
九州	2,510	7,070	2,980	1,070	3,410	1,250	1,570	3,790	1,730
沖縄	331	787	668	2	4	3	329	783	665
（都道府県）									
北海道	442	1,240	227	52	350	22	390	885	205
青森	217	741	401	44	214	148	195	549	253
岩手	367	707	311	170	275	126	197	432	185
宮城	554	1,140	384	320	811	205	352	445	179
秋田	138	584	128	82	326	95	202	404	33
山形	94	451	157	41	481	73	293	210	84
福島	495	1,660	702	250	915	348	247	748	354
茨城	431	1,840	624	162	652	224	311	1,230	400
栃木	161	731	206	82	339	81	79	392	125
群馬	322	1,090	454	80	397	108	332	778	346
埼玉	256	538	225	114	268	121	159	287	104
千葉	16	615	137	8	279	82	8	336	55
東京	11	78	27	1	8	2	14	74	25
神奈川	15	317	62	3	59	9	19	265	53
新潟	57	538	45	29	386	26	32	156	19
富山	13	125	33	12	187	21	81	18	12
石川	34	286	93	25	249	67	45	73	26
福井	29	134	42	24	116	26	13	26	16
山梨	153	306	191	46	105	72	107	201	119
長野	427	1,010	446	139	496	147	288	517	299
岐阜	125	370	101	82	284	69	87	130	32
静岡	105	1,290	927	30	250	106	87	1,050	821
愛知	6	720	30	2	379	18	17	354	12
三重	46	520	155	33	323	111	23	207	44
滋賀	38	232	74	31	197	65	14	42	9
京都	85	461	382	63	417	342	24	46	40
大阪	24	156	36	24	161	33	18	13	3
兵庫	102	436	85	91	357	72	22	90	13
奈良	69	422	130	51	328	97	23	99	33
和歌山	112	393	274	69	127	62	51	274	212
鳥取	220	240	231	62	77	73	162	167	158
島根	125	318	243	88	240	176	55	96	67
岡山	453	617	354	347	416	212	136	231	142
広島	26	713	430	13	374	107	78	404	323
山口	7	821	331	7	667	243	7	161	88
徳島	84	302	175	47	147	62	37	155	113
香川	86	353	176	61	260	95	37	105	81
愛媛	352	845	478	120	293	58	260	580	420
高知	107	487	94	67	319	72	61	189	22
福岡	527	1,640	490	356	1,020	270	171	621	220
佐賀	23	514	343	8	177	80	15	337	263
長崎	181	484	232	48	173	96	133	311	136
熊本	418	1,310	610	219	687	231	199	618	379
大分	391	694	418	221	467	242	170	227	176
宮崎	71	457	213	7	367	134	189	215	79
鹿児島	896	1,970	669	209	519	193	694	1,460	476
沖縄	331	787	668	2	4	3	329	783	665
関東農政局	1,900	7,810	3,300	665	2,850	952	1,400	5,130	2,350
東海農政局	177	1,610	286	117	986	198	127	691	88
中国四国農政局	1,460	4,700	2,510	812	2,790	1,100	833	2,090	1,410

注：拡張・かい廃面積は、平成30年７月15日から令和元年７月14日までの間に生じたものである。

Ⅱ　作物別作付（栽培）面積

1　水陸稲作付面積
(1)　水陸稲計、水稲（子実用）、陸稲（子実用）

単位：ha

区　分	平成30年産	令和元年産	対前年差
	(1)	(2)	(3)
水陸稲計			
全　国	1,470,000	1,470,000	0
水稲			
全　国	1,470,000	1,469,000	△　1,000
陸稲			
全　国	750	702	△　48
うち茨城	528	487	△　41
栃木	183	179	△　4

注：　陸稲の作付面積については、平成30年産から、調査の範囲を全国から主産県に変更し、３年ごとに全国調査を実施することとした。
平成30年産及び令和元年産は主産県調査年であり、全国調査を行った平成29年の調査結果に基づき、全国値を推計している。
なお、主産県とは、平成29年産における全国の作付面積のおおむね80％を占めるまでの上位都道府県である。

(2) 水稲

単位：ha

全国農業地域・都道府県	平成30年産			令和元年産			対前年差		
	作付面積（青刈り面積を含む。）	作付面積（子実用）	（参考）主食用作付面積	作付面積（青刈り面積を含む。）	作付面積（子実用）	（参考）主食用作付面積	作付面積（青刈り面積を含む。）	作付面積（子実用）	（参考）主食用作付面積
	(1)	(2)	(3)	(4)	(5)	(6)	(7)	(8)	(9)
全国	**1,592,000**	**1,470,000**	**1,386,000**	**1,584,000**	**1,469,000**	**1,379,000**	**△ 8,000**	**△ 1,000**	**△ 7,000**
（全国農業地域）									
北海道	106,400	104,000	98,900	105,600	103,000	97,000	△ 800	△ 1,000	△ 1,900
都府県	1,486,000	1,366,000	1,287,000	1,479,000	1,366,000	1,282,000	△ 7,000	0	△ 5,000
東北	412,500	379,100	345,500	412,500	382,000	344,600	0	2,900	△ 900
北陸	212,700	205,600	184,800	212,800	206,500	186,400	100	900	1,600
関東・東山	299,200	270,300	259,300	297,600	271,100	258,400	△ 1,600	800	△ 900
東海	100,900	93,400	91,000	100,300	93,100	90,500	△ 600	△ 300	△ 500
近畿	105,800	103,100	99,500	105,200	102,600	99,000	△ 600	△ 500	△ 500
中国	110,200	103,700	101,100	108,000	102,100	99,400	△ 2,200	△ 1,600	△ 1,700
四国	51,900	49,300	49,000	50,800	48,300	47,800	△ 1,100	△ 1,000	△ 1,200
九州	191,800	160,400	156,100	191,100	160,000	155,100	△ 700	△ 400	△ 1,000
沖縄	716	716	716	677	677	665	△ 39	△ 39	△ 51
（都道府県）									
北海道	106,400	104,000	98,900	105,600	103,000	97,000	△ 800	△ 1,000	△ 1,900
青森	50,300	44,200	39,600	50,400	45,000	39,200	100	800	△ 400
岩手	55,900	50,300	48,800	55,900	50,500	48,300	0	200	△ 500
宮城	74,900	67,400	64,500	75,300	68,400	64,800	400	1,000	300
秋田	90,900	87,700	75,000	90,500	87,800	74,900	△ 400	100	△ 100
山形	69,100	64,500	56,400	68,900	64,500	56,900	△ 200	0	500
福島	71,200	64,900	61,200	71,400	65,800	60,400	200	900	△ 800
茨城	77,000	68,400	66,800	76,600	68,300	66,400	△ 400	△ 100	△ 400
栃木	69,300	58,500	54,700	69,200	59,200	54,900	△ 100	700	200
群馬	17,300	15,600	13,700	17,100	15,500	13,600	△ 200	△ 100	△ 100
埼玉	33,600	31,900	30,800	33,400	32,000	30,900	△ 200	100	100
千葉	61,000	55,600	53,900	60,800	56,000	53,700	△ 200	400	△ 200
東京	133	133	133	129	129	129	△ 4	△ 4	△ 4
神奈川	3,090	3,080	3,080	3,050	3,040	3,040	△ 40	△ 40	△ 40
新潟	121,500	118,200	104,700	121,900	119,200	106,800	400	1,000	2,100
富山	38,900	37,300	33,300	38,900	37,200	33,300	0	△ 100	0
石川	25,800	25,100	23,200	25,600	25,000	22,700	△ 200	△ 100	△ 500
福井	26,400	25,000	23,600	26,400	25,100	23,600	0	100	0
山梨	4,930	4,900	4,820	4,910	4,890	4,810	△ 20	△ 10	△ 10
長野	32,700	32,200	31,300	32,400	32,000	30,900	△ 300	△ 200	△ 400
岐阜	25,100	22,500	21,500	25,100	22,500	21,400	0	0	△ 100
静岡	17,200	15,800	15,700	17,100	15,700	15,600	△ 100	△ 100	△ 100
愛知	29,200	27,600	26,700	29,000	27,500	26,600	△ 200	△ 100	△ 100
三重	29,400	27,500	27,100	29,200	27,300	26,900	△ 200	△ 200	△ 200
滋賀	32,900	31,700	30,100	32,900	31,700	30,200	0	0	100
京都	14,700	14,500	13,900	14,600	14,400	13,800	△ 100	△ 100	△ 100
大阪	5,010	5,010	5,000	4,860	4,850	4,850	△ 150	△ 160	△ 150
兵庫	38,000	37,000	35,500	37,900	36,800	35,300	△ 100	△ 200	△ 200
奈良	8,660	8,580	8,530	8,560	8,490	8,450	△ 100	△ 90	△ 80
和歌山	6,430	6,430	6,430	6,360	6,360	6,360	△ 70	△ 70	△ 70
鳥取	13,900	12,800	12,700	13,800	12,700	12,600	△ 100	△ 100	△ 100
島根	19,000	17,500	17,200	18,600	17,300	16,900	△ 400	△ 200	△ 300
岡山	31,900	30,200	29,400	31,500	30,100	29,300	△ 400	△ 100	△ 100
広島	24,400	23,400	22,900	23,600	22,700	22,200	△ 800	△ 700	△ 700
山口	21,000	19,800	18,900	20,500	19,300	18,400	△ 500	△ 500	△ 500
徳島	12,200	11,400	11,200	12,000	11,300	11,000	△ 200	△ 100	△ 200
香川	12,800	12,500	12,500	12,300	12,000	12,000	△ 500	△ 500	△ 500
愛媛	14,400	13,900	13,900	14,000	13,600	13,500	△ 400	△ 300	△ 400
高知	12,600	11,500	11,400	12,500	11,400	11,300	△ 100	△ 100	△ 100
福岡	38,900	35,300	34,900	38,500	35,000	34,500	△ 400	△ 300	△ 400
佐賀	26,300	24,300	24,000	26,100	24,100	23,700	△ 200	△ 200	△ 300
長崎	12,800	11,500	11,400	12,700	11,400	11,300	△ 100	△ 100	△ 100
熊本	42,300	33,300	32,300	42,300	33,300	32,300	0	0	0
大分	24,600	20,700	20,600	24,400	20,600	20,400	△ 200	△ 100	△ 200
宮崎	23,200	16,100	14,700	23,200	16,100	14,600	0	0	△ 100
鹿児島	23,700	19,200	18,300	23,900	19,500	18,300	200	300	0
沖縄	716	716	716	677	677	665	△ 39	△ 39	△ 51
関東農政局	316,300	286,100	275,000	314,600	286,700	273,900	△ 1,700	600	△ 1,100
東海農政局	83,800	77,600	75,300	83,300	77,400	75,000	△ 500	△ 200	△ 300
中国四国農政局	162,100	153,000	150,000	158,800	150,400	147,200	△ 3,300	△ 2,600	△ 2,800

注．1　作付面積（子実用）とは、青刈り面積（飼料用米面積等を含む。）を除いた面積である。
　　2　主食用作付面積とは、水稲作付面積（青刈り面積を含む。）から、備蓄米、加工用米、新規需要米等の作付面積を除いた面積である。

2 麦類（子実用）作付面積
(1) 4麦（小麦・二条大麦・六条大麦・はだか麦）計

単位：ha

全国農業地域・都道府県	平成30年産			令和元年産			対前年差		
	計	田	畑	計	田	畑	計	田	畑
	(1)	(2)	(3)	(4)	(5)	(6)	(7)	(8)	(9)
全国	272,900	171,300	101,600	273,000	172,300	100,800	100	1,000	△ 800
（全国農業地域）									
北海道	123,100	30,500	92,600	123,300	31,300	92,000	200	800	△ 600
都府県	149,800	140,800	8,960	149,800	141,000	8,740	0	200	△ 220
東北	7,870	7,120	753	7,690	6,970	722	△ 180	△ 150	△ 31
北陸	9,790	9,430	366	9,660	9,270	391	△ 130	△ 160	25
関東・東山	38,500	32,600	5,900	38,100	32,400	5,680	△ 400	△ 200	△ 220
東海	16,300	16,100	221	16,800	16,600	x	500	500	x
近畿	10,400	10,300	x	10,300	10,200	29	△ 100	△ 100	x
中国	5,830	5,710	x	6,040	5,890	x	210	180	x
四国	4,840	4,770	x	4,920	4,850	x	80	80	x
九州	56,300	54,800	1,470	56,400	54,900	1,480	100	100	10
沖縄	x	–	x	x	–	x	x	–	x
（都道府県）									
北海道	123,100	30,500	92,600	123,300	31,300	92,000	200	800	△ 600
青森	x	771	x	x	794	x	x	x	x
岩手	3,920	3,480	438	3,820	3,390	432	△ 100	△ 90	△ 6
宮城	2,280	2,250	30	2,310	2,280	30	30	30	0
秋田	317	313	4	x	285	x	x	△ 28	x
山形	x	86	x	x	x	6	x	x	x
福島	354	219	135	369	264	105	15	45	△ 30
茨城	7,920	5,320	2,600	7,860	5,350	2,510	△ 60	30	△ 90
栃木	12,900	12,100	707	12,600	12,000	675	△ 300	△ 100	△ 32
群馬	7,760	7,140	617	7,650	7,030	624	△ 110	△ 110	7
埼玉	6,170	4,880	1,290	6,100	4,880	1,220	△ 70	0	△ 70
千葉	x	563	x	x	561	x	x	△ 2	x
東京	x	x	21	x	x	18	x	x	△ 3
神奈川	35	x	x	44	x	x	9	x	x
新潟	246	210	36	264	223	41	18	13	5
富山	3,330	3,330	–	3,230	3,230	–	△ 100	△ 100	–
石川	1,420	1,100	322	1,430	1,100	333	10	0	11
福井	4,800	4,790	8	4,730	4,710	17	△ 70	△ 80	9
山梨	123	63	60	119	64	55	△ 4	1	△ 5
長野	2,750	2,460	x	2,810	2,530	x	60	70	x
岐阜	3,420	3,410	x	3,540	3,540	3	120	130	x
静岡	768	x	x	x	763	x	x	x	x
愛知	5,500	5,420	81	5,750	5,670	79	250	250	△ 2
三重	6,590	6,490	99	6,680	6,590	82	90	100	△ 17
滋賀	7,680	7,660	x	7,580	7,560	25	△ 100	△ 100	x
京都	x	x	0	248	248	0	x	x	0
大阪	x	x	x	x	x	–	x	x	–
兵庫	2,330	2,330	1	2,310	2,310	–	△ 20	△ 20	△ 1
奈良	111	108	3	x	x	4	x	x	1
和歌山	x	x	–	x	x	–	x	x	–
鳥取	163	131	32	x	132	x	x	1	x
島根	617	583	34	x	588	x	x	5	x
岡山	2,870	2,840	x	2,930	2,890	x	60	50	x
広島	x	273	x	x	287	x	x	14	x
山口	1,900	1,890	10	2,010	2,000	10	110	110	0
徳島	x	x	11	x	x	10	x	x	△ 1
香川	2,670	2,640	x	2,770	2,750	x	100	110	x
愛媛	2,030	1,990	31	2,010	1,980	29	△ 20	△ 10	△ 2
高知	13	x	x	12	10	2	△ 1	x	x
福岡	21,400	21,400	x	21,500	21,500	x	100	100	x
佐賀	20,800	20,700	x	20,700	20,600	x	△ 100	100	x
長崎	1,920	1,200	715	1,880	1,140	733	△ 40	△ 60	18
熊本	6,870	6,490	379	6,890	6,540	358	20	50	△ 21
大分	4,850	4,730	119	4,970	4,860	108	120	130	△ 11
宮崎	185	140	45	180	134	46	△ 5	△ 6	1
鹿児島	x	116	x	x	122	x	x	6	x
沖縄	x	–	x	x	–	x	x	–	x
関東農政局	39,200	33,300	5,940	38,900	33,100	5,720	△ 300	△ 200	△ 220
東海農政局	15,500	15,300	x	16,000	15,800	164	500	500	x
中国四国農政局	10,700	10,500	191	11,000	10,700	213	300	200	22

注：子実用とは、主に食用に供すること（子実生産）を目的に作付けされた作物の利用面積をいう（以下(2)～(5)において同じ。）。

(2) 小麦

単位：ha

全国農業地域・都道府県	平成30年産			令和元年産			対前年差		
	計	田	畑	計	田	畑	計	田	畑
	(1)	(2)	(3)	(4)	(5)	(6)	(7)	(8)	(9)
全国	**211,900**	**115,600**	**96,300**	**211,600**	**116,100**	**95,500**	**△ 300**	**500**	**△ 800**
(全国農業地域)									
北海道	121,400	30,500	90,900	121,400	31,200	90,300	0	700	△ 600
都府県	90,500	85,100	5,360	90,200	85,000	5,240	△ 300	△ 100	△ 120
東北	6,570	5,890	x	6,370	5,730	x	△ 200	△ 160	x
北陸	403	323	80	376	278	98	△ 27	△ 45	18
関東・東山	20,900	17,200	3,750	20,800	17,100	3,660	△ 100	△ 100	△ 90
東海	15,500	15,300	203	16,000	15,800	x	500	500	x
近畿	9,040	9,030	11	8,430	8,420	12	△ 610	△ 610	1
中国	2,410	2,340	67	2,540	2,460	82	130	120	15
四国	2,170	2,130	43	2,270	2,230	43	100	100	0
九州	33,400	32,900	502	33,400	32,900	510	0	0	8
沖縄	29	−	29	16	−	16	△ 13	−	△ 13
(都道府県)									
北海道	121,400	30,500	90,900	121,400	31,200	90,300	0	700	△ 600
青森	907	771	136	747	633	114	△ 160	△ 138	△ 22
岩手	3,830	3,430	401	3,760	3,350	401	△ 70	△ 80	0
宮城	1,100	1,090	10	1,130	1,120	11	30	30	1
秋田	314	x	x	286	x	x	△ 28	x	x
山形	72	68	4	85	79	6	13	11	2
福島	348	218	130	358	258	100	10	40	△ 30
茨城	4,610	3,460	1,150	4,590	3,450	1,140	△ 20	△ 10	△ 10
栃木	2,250	1,980	274	2,290	2,030	262	40	50	△ 12
群馬	5,680	5,110	570	5,570	5,000	574	△ 110	△ 110	4
埼玉	5,220	4,030	1,190	5,170	4,050	1,120	△ 50	20	△ 70
千葉	801	542	259	793	540	253	△ 8	△ 2	△ 6
東京	20	0	20	17	−	17	△ 3	0	△ 3
神奈川	34	9	25	43	9	34	9	0	9
新潟	67	42	25	68	36	32	1	△ 6	7
富山	44	44	−	47	47	−	3	3	−
石川	84	33	51	85	32	53	1	△ 1	2
福井	208	204	4	176	163	13	△ 32	△ 41	9
山梨	77	39	38	78	43	35	1	4	△ 3
長野	2,210	1,990	220	2,240	2,020	219	30	30	△ 1
岐阜	3,160	3,150	2	3,280	3,280	x	120	130	x
静岡	758	721	37	791	753	38	33	32	1
愛知	5,390	5,320	74	5,620	5,550	70	230	230	△ 4
三重	6,230	6,140	90	6,320	6,240	80	90	100	△ 10
滋賀	6,990	6,980	8	6,450	6,440	x	△ 540	△ 540	x
京都	147	147	0	155	155	0	8	8	0
大阪	1	1	−	1	1	−	0	0	−
兵庫	1,790	1,790	x	1,710	1,710	−	△ 80	△ 80	x
奈良	110	x	x	114	x	x	4	x	x
和歌山	2	2	−	1	1	−	△ 1	△ 1	−
鳥取	61	29	32	69	31	38	8	2	6
島根	104	81	23	120	90	30	16	9	7
岡山	747	747	0	784	783	1	37	36	1
広島	156	154	2	158	155	3	2	1	1
山口	1,340	1,330	10	1,410	1,400	10	70	70	0
徳島	56	51	5	42	37	5	△ 14	△ 14	0
香川	1,890	1,870	23	2,000	1,980	21	110	110	△ 2
愛媛	220	206	14	224	208	16	4	2	2
高知	6	5	1	5	4	1	△ 1	△ 1	0
福岡	14,800	14,800	12	14,700	14,700	13	△ 100	△ 100	1
佐賀	10,100	9,980	99	10,300	10,200	108	200	220	9
長崎	608	529	79	583	484	99	△ 25	△ 45	20
熊本	4,970	4,770	198	4,900	4,710	184	△ 70	△ 60	△ 14
大分	2,750	2,670	80	2,780	2,700	76	30	30	△ 4
宮崎	116	99	17	103	91	12	△ 13	△ 8	△ 5
鹿児島	35	18	17	33	15	18	△ 2	△ 3	1
沖縄	29	−	29	16	−	16	△ 13	−	△ 13
関東農政局	21,700	17,900	3,780	21,600	17,900	3,700	△ 100	0	△ 80
東海農政局	14,800	14,600	166	15,200	15,100	x	400	500	x
中国四国農政局	4,590	4,480	110	4,810	4,690	125	220	210	15

2　麦類（子実用）作付面積（続き）
(3)　二条大麦

単位：ha

全国農業地域・都道府県	平成30年産 計	平成30年産 田	平成30年産 畑	令和元年産 計	令和元年産 田	令和元年産 畑	対前年差 計	対前年差 田	対前年差 畑
	(1)	(2)	(3)	(4)	(5)	(6)	(7)	(8)	(9)
全国	**38,300**	**34,900**	**3,330**	**38,000**	**34,600**	**3,360**	**△ 300**	**△ 300**	**30**
(全国農業地域)									
北海道	1,660	39	1,620	1,700	32	1,660	40	△ 7	40
都府県	36,600	34,900	1,710	36,300	34,600	1,700	△ 300	△ 300	△ 10
東北	5	4	1	14	x	x	9	x	x
北陸	7	7	-	2	2	-	△ 5	△ 5	-
関東・東山	12,500	11,700	x	12,200	11,400	x	△ 300	△ 300	x
東海	3	x	x	4	x	x	1	x	x
近畿	153	153	-	x	x	-	x	x	-
中国	2,740	2,710	25	2,700	2,680	23	△ 40	△ 30	△ 2
四国	x	x	x	x	12	x	x	x	x
九州	21,100	20,300	855	21,200	20,300	863	100	0	8
沖縄	x	-	x	x	-	x	x	-	x
(都道府県)									
北海道	1,660	39	1,620	1,700	32	1,660	40	△ 7	40
青森	-	-	-	-	-	-	-	-	-
岩手	x	x	-	x	x	-	x	x	-
宮城	2	2	-	11	11	-	9	9	-
秋田	x	x	x	x	x	x	x	x	x
山形	-	-	-	-	-	-	-	-	-
福島	x	x	x	x	x	x	x	x	x
茨城	1,240	691	551	1,210	675	532	△ 30	△ 16	△ 19
栃木	9,020	8,820	200	8,730	8,540	195	△ 290	△ 280	△ 5
群馬	1,580	1,560	23	1,580	1,550	28	0	△ 10	5
埼玉	699	653	46	670	623	47	△ 29	△ 30	1
千葉	x	-	x	x	-	x	x	-	x
東京	1	0	1	1	0	1	0	0	0
神奈川	x	-	x	x	-	x	x	-	x
新潟	-	-	-	-	-	-	-	-	-
富山	x	x	-	x	x	-	x	x	-
石川	x	x	-	x	x	-	x	x	-
福井	-	-	-	-	-	-	-	-	-
山梨	-	-	-	-	-	-	-	-	-
長野	2	x	x	2	x	x	0	x	x
岐阜	-	-	-	-	-	-	-	-	-
静岡	3	x	x	4	x	x	1	x	x
愛知	-	-	-	-	-	-	-	-	-
三重	-	-	-	-	-	-	-	-	-
滋賀	55	55	-	53	53	-	△ 2	△ 2	-
京都	98	98	-	93	93	-	△ 5	△ 5	-
大阪	-	-	-	x	x	-	x	x	-
兵庫	-	-	-	-	-	-	-	-	-
奈良	-	-	-	x	x	-	x	x	-
和歌山	-	-	-	-	-	-	-	-	-
鳥取	100	100	-	94	x	x	△ 6	x	x
島根	459	x	x	474	x	x	15	x	x
岡山	2,030	2,010	24	1,970	1,950	22	△ 60	△ 60	△ 2
広島	x	x	x	x	-	x	x	x	x
山口	150	150	-	161	161	-	11	11	-
徳島	22	17	5	12	8	4	△ 10	△ 9	△ 1
香川	x	-	x	x	-	x	x	-	x
愛媛	-	-	-	-	-	-	-	-	-
高知	5	x	x	5	4	1	0	x	x
福岡	6,070	6,060	8	6,350	6,340	10	280	280	2
佐賀	10,500	10,500	13	10,100	10,100	18	△ 400	△ 400	5
長崎	1,230	663	571	1,220	656	568	△ 10	△ 7	△ 3
熊本	1,750	1,580	170	1,830	1,660	169	80	80	△ 1
大分	1,350	1,340	13	1,460	1,450	13	110	110	0
宮崎	55	33	22	58	35	23	3	2	1
鹿児島	141	83	58	149	87	62	8	4	4
沖縄	x	-	x	x	-	x	x	-	x
関東農政局	12,500	11,700	x	12,200	11,400	805	△ 300	△ 300	x
東海農政局	-	-	-	-	-	-	-	-	-
中国四国農政局	2,770	2,740	x	2,720	2,690	x	△ 50	△ 50	x

(4) 六条大麦

単位：ha

全国農業地域・都道府県	平成30年産			令和元年産			対前年差		
	計	田	畑	計	田	畑	計	田	畑
	(1)	(2)	(3)	(4)	(5)	(6)	(7)	(8)	(9)
全国	**17,300**	**15,600**	**1,710**	**17,700**	**16,000**	**1,650**	**400**	**400**	**△ 60**
（全国農業地域）									
北海道	x	–	x	17	–	17	x	–	x
都府県	17,300	15,600	1,710	17,700	16,000	1,630	400	400	△ 80
東北	1,280	1,210	68	1,300	1,210	88	20	0	20
北陸	9,380	9,100	286	9,280	8,990	293	△ 100	△ 110	7
関東・東山	4,810	3,500	1,310	4,730	3,530	1,210	△ 80	30	△ 100
東海	693	687	6	709	706	3	16	19	△ 3
近畿	1,070	1,060	15	1,520	1,510	x	450	450	x
中国	x	x	19	x	x	24	x	x	5
四国	x	x	–	x	x	–	x	x	–
九州	3	x	x	x	x	x	x	x	x
沖縄	–	–	–	–	–	–	–	–	–
（都道府県）									
北海道	x	–	x	17	–	17	x	–	x
青森	x	–	x	47	x	x	x	x	x
岩手	84	47	37	66	35	31	△ 18	△ 12	△ 6
宮城	1,170	1,150	20	1,160	1,150	19	△ 10	0	△ 1
秋田	x	–	x	–	–	–	x	–	x
山形	19	x	x	15	15	–	△ 4	x	x
福島	4	x	x	10	x	x	6	x	x
茨城	1,940	1,040	898	1,830	998	832	△ 110	△ 42	△ 66
栃木	1,560	1,330	233	1,570	1,350	217	10	20	△ 16
群馬	491	467	24	494	475	19	3	8	△ 5
埼玉	198	148	50	194	151	43	△ 4	3	△ 7
千葉	37	21	16	34	21	13	△ 3	0	△ 3
東京	–	–	–	–	–	–	–	–	–
神奈川	x	x	–	x	x	–	x	x	–
新潟	179	168	11	196	187	9	17	19	△ 2
富山	3,280	3,280	–	3,180	3,180	–	△ 100	△ 100	–
石川	1,330	1,060	271	1,350	1,070	280	20	10	9
福井	4,590	4,590	4	4,550	4,550	4	△ 40	△ 40	0
山梨	46	24	22	41	21	20	△ 5	△ 3	△ 2
長野	538	467	71	570	508	62	32	41	△ 9
岐阜	260	x	x	257	x	x	△ 3	x	x
静岡	7	7	–	7	7	–	0	0	–
愛知	96	x	x	116	x	x	20	x	x
三重	330	325	5	329	327	2	△ 1	2	△ 3
滋賀	585	x	x	1,010	995	x	425	x	x
京都	x	x	–	–	–	–	x	x	–
大阪	x	x	–	x	x	–	x	x	–
兵庫	483	x	x	508	508	–	25	x	x
奈良	x	–	x	–	–	–	x	–	x
和歌山	x	x	–	x	x	–	x	x	–
鳥取	x	x	–	x	x	–	x	x	–
島根	10	x	x	x	x	x	x	x	x
岡山	x	x	x	x	x	x	x	x	x
広島	83	74	9	83	70	13	0	△ 4	4
山口	–	–	–	–	–	–	–	–	–
徳島	x	x	–	x	x	–	x	x	–
香川	–	–	–	–	–	–	–	–	–
愛媛	–	–	–	–	–	–	–	–	–
高知	–	–	–	–	–	–	–	–	–
福岡	–	–	–	–	–	–	–	–	–
佐賀	–	–	–	–	–	–	–	–	–
長崎	–	–	–	–	–	–	–	–	–
熊本	–	–	–	x	x	–	x	x	–
大分	x	x	–	5	5	–	x	x	–
宮崎	–	–	–	–	–	–	–	–	–
鹿児島	x	–	x	x	–	x	x	–	x
沖縄	–	–	–	–	–	–	–	–	–
関東農政局	4,820	3,500	1,310	4,740	3,530	1,210	△ 80	30	△ 100
東海農政局	686	680	6	702	699	3	16	19	△ 3
中国四国農政局	x	x	19	x	x	24	x	x	5

2　麦類（子実用）作付面積（続き）
(5)　はだか麦

単位：ha

全国農業地域・都道府県	平成30年産			令和元年産			対前年差		
	計	田	畑	計	田	畑	計	田	畑
	(1)	(2)	(3)	(4)	(5)	(6)	(7)	(8)	(9)
全国	**5,420**	**5,200**	**212**	**5,780**	**5,520**	**259**	**360**	**320**	**47**
（全国農業地域）									
北海道	64	29	35	149	58	91	85	29	56
都府県	5,350	5,170	177	5,630	5,460	168	280	290	△ 9
東北	10	x	x	7	x	x	△ 3	x	x
北陸	x	x	–	x	x	–	x	x	–
関東・東山	x	197	x	x	x	x	x	x	x
東海	44	x	x	x	x	x	x	x	x
近畿	x	x	x	x	x	x	x	x	x
中国	x	577	x	707	x	x	x	x	x
四国	2,640	2,620	24	2,630	2,610	19	△ 10	△ 10	△ 5
九州	1,750	1,630	x	1,740	1,630	x	△ 10	0	x
沖縄	–	–	–	–	–	–	–	–	–
（都道府県）									
北海道	64	29	35	149	58	91	85	29	56
青森	–	–	–	–	–	–	–	–	–
岩手	–	–	–	–	–	–	–	–	–
宮城	x	x	–	x	x	–	x	x	–
秋田	–	–	–	–	–	–	–	–	–
山形	x	x	–	x	x	–	x	x	–
福島	x	–	x	x	–	x	x	–	x
茨城	125	x	x	229	x	x	104	x	x
栃木	21	21	0	44	43	1	23	22	1
群馬	3	3	–	5	2	3	2	△ 1	3
埼玉	51	49	2	62	59	3	11	10	1
千葉	16	–	16	8	–	8	△ 8	–	△ 8
東京	x	x	–	x	x	–	x	x	–
神奈川	x	–	x	x	–	x	x	–	x
新潟	–	–	–	–	–	–	–	–	–
富山	x	x	–	x	x	–	x	x	–
石川	–	–	–	–	–	–	–	–	–
福井	–	–	–	–	–	–	–	–	–
山梨	–	–	–	–	–	–	–	–	–
長野	–	–	–	–	–	–	–	–	–
岐阜	–	–	–	–	–	–	–	–	–
静岡	–	–	–	x	x	–	x	x	–
愛知	13	x	x	15	x	x	2	x	x
三重	31	27	4	25	25	0	△ 6	△ 2	△ 4
滋賀	47	47	–	66	66	–	19	19	–
京都	–	–	–	–	–	–	–	–	–
大阪	–	–	–	–	–	–	–	–	–
兵庫	63	63	–	90	90	–	27	27	–
奈良	x	x	x	x	x	x	x	x	x
和歌山	0	0	–	0	0	–	0	0	–
鳥取	x	x	–	7	7	–	x	x	–
島根	44	x	x	26	x	x	△ 18	x	x
岡山	89	82	7	175	159	16	86	77	9
広島	45	x	x	62	62	0	17	x	x
山口	404	404	0	437	437	–	33	33	0
徳島	60	59	1	66	65	1	6	6	0
香川	774	768	6	773	768	5	△ 1	0	△ 1
愛媛	1,810	1,790	17	1,790	1,780	13	△ 20	△ 10	△ 4
高知	2	2	0	2	2	0	0	0	0
福岡	504	x	x	488	x	x	△ 16	x	x
佐賀	225	x	x	250	x	x	25	x	x
長崎	77	12	65	69	3	66	△ 8	△ 9	1
熊本	157	146	11	161	156	5	4	10	△ 6
大分	748	722	26	730	711	19	△ 18	△ 11	△ 7
宮崎	14	8	6	19	8	11	5	0	5
鹿児島	21	15	6	24	20	4	3	5	△ 2
沖縄	–	–	–	–	–	–	–	–	–
関東農政局	x	197	x	x	333	x	x	136	x
東海農政局	44	x	x	40	x	x	△ 4	x	x
中国四国農政局	3,230	3,190	x	3,340	3,300	x	110	110	x

３　かんしょ作付面積

単位：ha

全国農業地域 ・ 都道府県	平成30年産			令和元年産			対前年差		
	計	田	畑	計	田	畑	計	田	畑
	(1)	(2)	(3)	(4)	(5)	(6)	(7)	(8)	(9)
全国	35,700	2,630	33,000	34,300	2,520	31,800	△ 1,400	△ 110	△ 1,200
(全国農業地域)									
北海道	…	…	…	…	…	…	nc	nc	nc
都府県	…	…	…	…	…	…	nc	nc	nc
東北	…	…	…	…	…	…	nc	nc	nc
北陸	…	…	…	…	…	…	nc	nc	nc
関東・東山	…	…	…	…	…	…	nc	nc	nc
東海	…	…	…	…	…	…	nc	nc	nc
近畿	…	…	…	…	…	…	nc	nc	nc
中国	…	…	…	…	…	…	nc	nc	nc
四国	…	…	…	…	…	…	nc	nc	nc
九州	…	…	…	…	…	…	nc	nc	nc
沖縄	…	…	…	…	…	…	nc	nc	nc
(都道府県)									
北海道	…	…	…	…	…	…	nc	nc	nc
青森	…	…	…	…	…	…	nc	nc	nc
岩手	…	…	…	…	…	…	nc	nc	nc
宮城	…	…	…	…	…	…	nc	nc	nc
秋田	…	…	…	…	…	…	nc	nc	nc
山形	…	…	…	…	…	…	nc	nc	nc
福島	…	…	…	…	…	…	nc	nc	nc
茨城	6,780	260	6,520	6,860	258	6,600	80	△ 2	80
栃木	…	…	…	…	…	…	nc	nc	nc
群馬	…	…	…	…	…	…	nc	nc	nc
埼玉	…	…	…	…	…	…	nc	nc	nc
千葉	4,090	21	4,070	4,040	24	4,020	△ 50	3	△ 50
東京	…	…	…	…	…	…	nc	nc	nc
神奈川	…	…	…	…	…	…	nc	nc	nc
新潟	…	…	…	…	…	…	nc	nc	nc
富山	…	…	…	…	…	…	nc	nc	nc
石川	…	…	…	…	…	…	nc	nc	nc
福井	…	…	…	…	…	…	nc	nc	nc
山梨	…	…	…	…	…	…	nc	nc	nc
長野	…	…	…	…	…	…	nc	nc	nc
岐阜	…	…	…	…	…	…	nc	nc	nc
静岡	540	37	503	…	…	…	nc	nc	nc
愛知	…	…	…	…	…	…	nc	nc	nc
三重	…	…	…	…	…	…	nc	nc	nc
滋賀	…	…	…	…	…	…	nc	nc	nc
京都	…	…	…	…	…	…	nc	nc	nc
大阪	…	…	…	…	…	…	nc	nc	nc
兵庫	…	…	…	…	…	…	nc	nc	nc
奈良	…	…	…	…	…	…	nc	nc	nc
和歌山	…	…	…	…	…	…	nc	nc	nc
鳥取	…	…	…	…	…	…	nc	nc	nc
島根	…	…	…	…	…	…	nc	nc	nc
岡山	…	…	…	…	…	…	nc	nc	nc
広島	…	…	…	…	…	…	nc	nc	nc
山口	…	…	…	…	…	…	nc	nc	nc
徳島	1,090	17	1,070	1,090	17	1,070	0	0	0
香川	…	…	…	…	…	…	nc	nc	nc
愛媛	…	…	…	…	…	…	nc	nc	nc
高知	…	…	…	…	…	…	nc	nc	nc
福岡	…	…	…	…	…	…	nc	nc	nc
佐賀	…	…	…	…	…	…	nc	nc	nc
長崎	…	…	…	…	…	…	nc	nc	nc
熊本	971	75	896	897	62	835	△ 74	△ 13	△ 61
大分	…	…	…	…	…	…	nc	nc	nc
宮崎	3,610	555	3,050	3,360	509	2,850	△ 250	△ 46	△ 200
鹿児島	12,100	581	11,500	11,200	577	10,700	△ 900	△ 4	△ 800
沖縄	…	…	…	…	…	…	nc	nc	nc
関東農政局	…	…	…	…	…	…	nc	nc	nc
東海農政局	…	…	…	…	…	…	nc	nc	nc
中国四国農政局	…	…	…	…	…	…	nc	nc	nc

注：　かんしょの作付面積については、平成30年産から、調査の範囲を全国から主産県に変更し、３年ごとに全国調査を実施することとした。
平成30年産及び令和元年産は主産県調査年であり、全国調査を行った平成29年産の調査結果に基づき、全国値を推計している。
なお、主産県とは、平成29年産における全国の作付面積のおおむね80％を占めるまでの上位都道府県である。

4　そば（乾燥子実）作付面積

単位：ha

全国農業地域・都道府県	平成30年産			令和元年産			対前年差		
	計	田	畑	計	田	畑	計	田	畑
	(1)	(2)	(3)	(4)	(5)	(6)	(7)	(8)	(9)
全国	**63,900**	**38,100**	**25,800**	**65,400**	**38,200**	**27,200**	**1,500**	**100**	**1,400**
（全国農業地域）									
北海道	24,400	9,690	14,700	25,200	9,600	15,600	800	△ 90	900
都府県	39,500	28,400	11,100	40,100	28,600	11,600	600	200	500
東北	16,500	12,600	3,840	16,900	12,900	3,950	400	300	110
北陸	5,520	4,980	545	5,350	4,790	564	△ 170	△ 190	19
関東・東山	11,600	6,200	5,420	12,200	6,570	5,660	600	370	240
東海	619	522	97	569	468	101	△ 50	△ 54	4
近畿	903	870	33	919	887	32	16	17	△ 1
中国	1,620	1,390	223	1,580	1,360	219	△ 40	△ 30	△ 4
四国	136	77	59	119	68	51	△ 17	△ 9	△ 8
九州	2,560	1,720	836	2,460	1,530	927	△ 100	△ 190	91
沖縄	53	-	53	51	-	51	△ 2	-	△ 2
（都道府県）									
北海道	24,400	9,690	14,700	25,200	9,600	15,600	800	△ 90	900
青森	1,640	1,220	420	1,680	1,260	426	40	40	6
岩手	1,780	1,380	408	1,760	1,290	468	△ 20	△ 90	60
宮城	671	602	69	650	579	71	△ 21	△ 23	2
秋田	3,610	3,080	528	3,770	3,260	514	160	180	△ 14
山形	5,040	4,330	719	5,260	4,490	765	220	160	46
福島	3,720	2,020	1,700	3,740	2,040	1,700	20	20	0
茨城	3,370	1,280	2,080	3,460	1,330	2,130	90	50	50
栃木	2,700	1,790	904	2,960	2,000	963	260	210	59
群馬	558	74	484	587	75	512	29	1	28
埼玉	342	111	231	346	110	236	4	△ 1	5
千葉	197	20	177	246	14	232	49	△ 6	55
東京	7	-	7	4	-	4	△ 3	-	△ 3
神奈川	21	0	21	21	x	x	0	x	x
新潟	1,330	1,000	329	1,240	898	337	△ 90	△ 102	8
富山	519	501	18	511	493	18	△ 8	△ 8	0
石川	326	288	38	308	273	35	△ 18	△ 15	△ 3
福井	3,350	3,190	160	3,300	3,120	174	△ 50	△ 70	14
山梨	188	134	54	190	137	53	2	3	△ 1
長野	4,250	2,790	1,460	4,410	2,900	1,510	160	110	50
岐阜	368	350	18	346	328	18	△ 22	△ 22	0
静岡	69	35	34	81	43	38	12	8	4
愛知	39	24	15	34	20	14	△ 5	△ 4	△ 1
三重	143	113	30	108	77	31	△ 35	△ 36	1
滋賀	497	494	3	529	526	3	32	32	0
京都	122	120	2	121	119	2	△ 1	△ 1	0
大阪	1	1	0	1	1	0	0	0	0
兵庫	258	250	8	241	237	4	△ 17	△ 13	△ 4
奈良	22	3	19	24	2	22	2	△ 1	3
和歌山	3	2	1	3	2	1	0	0	0
鳥取	319	307	12	312	301	11	△ 7	△ 6	△ 1
島根	679	526	153	684	529	155	5	3	2
岡山	204	177	27	198	174	24	△ 6	△ 3	△ 3
広島	343	320	23	313	292	21	△ 30	△ 28	△ 2
山口	71	63	8	73	65	8	2	2	0
徳島	64	22	42	45	16	29	△ 19	△ 6	△ 13
香川	33	26	7	34	24	10	1	△ 2	3
愛媛	32	23	9	34	23	11	2	0	2
高知	7	6	1	6	5	1	△ 1	△ 1	0
福岡	77	72	5	84	76	8	7	4	3
佐賀	26	15	11	32	16	16	6	1	5
長崎	162	110	52	157	109	48	△ 5	△ 1	△ 4
熊本	586	393	193	591	396	195	5	3	2
大分	228	160	68	228	160	68	0	0	0
宮崎	287	179	108	262	155	107	△ 25	△ 24	△ 1
鹿児島	1,190	791	399	1,100	617	485	△ 90	△ 174	86
沖縄	53	-	53	51	-	51	△ 2	-	△ 2
関東農政局	11,700	6,230	5,460	12,300	6,610	5,700	600	380	240
東海農政局	550	487	63	488	425	63	△ 62	△ 62	0
中国四国農政局	1,750	1,470	282	1,700	1,430	270	△ 50	△ 40	△ 12

5 豆類（乾燥子実）作付面積
(1) 大豆

単位：ha

全国農業地域・都道府県	平成30年産			令和元年産			対前年差		
	計	田	畑	計	田	畑	計	田	畑
	(1)	(2)	(3)	(4)	(5)	(6)	(7)	(8)	(9)
全国	**146,600**	**118,400**	**28,300**	**143,500**	**116,000**	**27,600**	**△3,100**	**△2,400**	**△ 700**
（全国農業地域）									
北海道	40,100	18,900	21,200	39,100	18,400	20,700	△1,000	△ 500	△ 500
都府県	106,600	99,400	7,130	104,400	97,500	6,870	△2,200	△1,900	△ 260
東北	35,400	32,900	2,520	35,100	32,700	2,390	△ 300	△ 200	△ 130
北陸	13,000	12,300	671	12,400	11,700	656	△ 600	△ 600	△ 15
関東・東山	10,000	7,840	2,190	9,890	7,720	2,170	△ 110	△ 120	△ 20
東海	12,000	11,500	486	11,900	11,400	458	△ 100	△ 100	△ 28
近畿	9,700	9,540	153	9,410	9,260	151	△ 290	△ 280	△ 2
中国	4,530	4,160	373	4,330	3,970	360	△ 200	△ 190	△ 13
四国	531	505	26	489	461	28	△ 42	△ 44	2
九州	21,400	20,700	716	21,000	20,300	656	△ 400	△ 400	△ 60
沖縄	0	-	0	0	-	0	0	-	0
（都道府県）									
北海道	40,100	18,900	21,200	39,100	18,400	20,700	△1,000	△ 500	△ 500
青森	5,010	4,570	441	4,760	4,300	462	△ 250	△ 270	21
岩手	4,590	3,940	644	4,290	3,750	540	△ 300	△ 190	△ 104
宮城	10,700	10,400	271	11,000	10,700	273	300	300	2
秋田	8,470	8,020	448	8,560	8,130	433	90	110	△ 15
山形	5,090	4,970	117	4,950	4,840	106	△ 140	△ 130	△ 11
福島	1,570	974	598	1,500	930	573	△ 70	△ 44	△ 25
茨城	3,470	2,610	859	3,450	2,570	880	△ 20	△ 40	21
栃木	2,370	2,240	135	2,340	2,180	162	△ 30	△ 60	27
群馬	303	157	146	291	156	135	△ 12	△ 1	△ 11
埼玉	667	456	211	636	445	191	△ 31	△ 11	△ 20
千葉	885	663	222	871	662	209	△ 14	△ 1	△ 13
東京	10	-	10	6	-	6	△ 4	-	△ 4
神奈川	41	10	31	40	10	30	△ 1	0	△ 1
新潟	4,750	4,520	230	4,410	4,200	214	△ 340	△ 320	△ 16
富山	4,710	4,700	7	4,480	4,480	7	△ 230	△ 220	0
石川	1,660	1,270	396	1,660	1,260	398	0	△ 10	2
福井	1,850	1,810	38	1,810	1,780	37	△ 40	△ 30	△ 1
山梨	220	147	73	223	148	75	3	1	2
長野	2,070	1,560	503	2,030	1,550	481	△ 40	△ 10	△ 22
岐阜	2,870	2,760	105	2,850	2,750	103	△ 20	△ 10	△ 2
静岡	260	189	71	251	188	63	△ 9	△ 1	△ 8
愛知	4,440	4,200	241	4,490	4,260	229	50	60	△ 12
三重	4,390	4,320	69	4,290	4,220	63	△ 100	△ 100	△ 6
滋賀	6,690	6,650	40	6,690	6,650	41	0	0	1
京都	311	281	30	307	278	29	△ 4	△ 3	△ 1
大阪	15	15	0	15	15	0	0	0	0
兵庫	2,500	2,450	48	2,220	2,180	47	△ 280	△ 270	△ 1
奈良	148	115	33	143	111	32	△ 5	△ 4	△ 1
和歌山	29	27	2	28	26	2	△ 1	△ 1	0
鳥取	701	691	10	641	628	13	△ 60	△ 63	3
島根	805	697	108	756	651	105	△ 49	△ 46	△ 3
岡山	1,630	1,460	174	1,580	1,410	169	△ 50	△ 50	△ 5
広島	499	447	52	477	427	50	△ 22	△ 20	△ 2
山口	896	867	29	871	848	23	△ 25	△ 19	△ 6
徳島	39	34	5	17	14	3	△ 22	△ 20	△ 2
香川	61	59	2	60	59	1	△ 1	0	△ 1
愛媛	346	335	11	338	321	17	△ 8	△ 14	6
高知	85	77	8	74	67	7	△ 11	△ 10	△ 1
福岡	8,280	8,270	17	8,250	8,240	17	△ 30	△ 30	0
佐賀	8,000	7,900	92	7,820	7,730	92	△ 180	△ 170	0
長崎	468	373	95	399	326	73	△ 69	△ 47	△ 22
熊本	2,430	2,060	366	2,450	2,100	349	20	40	△ 17
大分	1,630	1,570	62	1,540	1,470	62	△ 90	△ 100	0
宮崎	250	227	23	219	208	11	△ 31	△ 19	△ 12
鹿児島	364	303	61	325	273	52	△ 39	△ 30	△ 9
沖縄	0	-	0	0	-	0	0	-	0
関東農政局	10,300	8,030	2,260	10,100	7,910	2,230	△ 200	△ 120	△ 30
東海農政局	11,700	11,300	415	11,600	11,200	395	△ 100	△ 100	△ 20
中国四国農政局	[illegible]	[illegible]	399	4,810	4,430	388	△ 250	△ 230	△ 11

(2)　小豆

単位：ha

全国農業地域・都道府県	平成30年産			令和元年産			対前年差		
	計	田	畑	計	田	畑	計	田	畑
	(1)	(2)	(3)	(4)	(5)	(6)	(7)	(8)	(9)
全国	23,700	3,430	20,300	25,500	3,530	22,000	1,800	100	1,700
（全国農業地域）									
北海道	19,100	1,470	17,600	20,900	1,490	19,400	1,800	20	1,800
都府県	4,620	1,960	2,660	…	…	…	nc	nc	nc
東北	898	130	768	…	…	…	nc	nc	nc
北陸	328	94	234	…	…	…	nc	nc	nc
関東・東山	906	92	814	…	…	…	nc	nc	nc
東海	115	9	106	…	…	…	nc	nc	nc
近畿	1,240	1,140	99	…	…	…	nc	nc	nc
中国	732	323	409	…	…	…	nc	nc	nc
四国	85	29	56	…	…	…	nc	nc	nc
九州	314	136	178	…	…	…	nc	nc	nc
沖縄	-	-	-	…	…	…	nc	nc	nc
（都道府県）									
北海道	19,100	1,470	17,600	20,900	1,490	19,400	1,800	20	1,800
青森	150	24	126	…	…	…	nc	nc	nc
岩手	271	46	225	…	…	…	nc	nc	nc
宮城	104	15	89	…	…	…	nc	nc	nc
秋田	119	23	96	…	…	…	nc	nc	nc
山形	75	18	57	…	…	…	nc	nc	nc
福島	179	4	175	…	…	…	nc	nc	nc
茨城	123	6	117	…	…	…	nc	nc	nc
栃木	149	36	113	…	…	…	nc	nc	nc
群馬	171	12	159	…	…	…	nc	nc	nc
埼玉	127	10	117	…	…	…	nc	nc	nc
千葉	95	5	90	…	…	…	nc	nc	nc
東京	-	-	-	…	…	…	nc	nc	nc
神奈川	12	0	12	…	…	…	nc	nc	nc
新潟	137	32	105	…	…	…	nc	nc	nc
富山	17	5	12	…	…	…	nc	nc	nc
石川	140	53	87	…	…	…	nc	nc	nc
福井	34	4	30	…	…	…	nc	nc	nc
山梨	42	9	33	…	…	…	nc	nc	nc
長野	187	14	173	…	…	…	nc	nc	nc
岐阜	44	3	41	…	…	…	nc	nc	nc
静岡	13	2	11	…	…	…	nc	nc	nc
愛知	28	1	27	…	…	…	nc	nc	nc
三重	30	3	27	…	…	…	nc	nc	nc
滋賀	53	40	13	109	99	10	56	59	△ 3
京都	453	427	26	447	422	25	△ 6	△ 5	△ 1
大阪	0	0	0	…	…	…	nc	nc	nc
兵庫	707	666	41	786	745	41	79	79	0
奈良	27	10	17	…	…	…	nc	nc	nc
和歌山	2	0	2	…	…	…	nc	nc	nc
鳥取	116	57	59	…	…	…	nc	nc	nc
島根	144	52	92	…	…	…	nc	nc	nc
岡山	326	168	158	…	…	…	nc	nc	nc
広島	110	37	73	…	…	…	nc	nc	nc
山口	36	9	27	…	…	…	nc	nc	nc
徳島	16	4	12	…	…	…	nc	nc	nc
香川	21	14	7	…	…	…	nc	nc	nc
愛媛	39	10	29	…	…	…	nc	nc	nc
高知	9	1	8	…	…	…	nc	nc	nc
福岡	40	17	23	…	…	…	nc	nc	nc
佐賀	40	12	28	…	…	…	nc	nc	nc
長崎	36	10	26	…	…	…	nc	nc	nc
熊本	110	55	55	…	…	…	nc	nc	nc
大分	60	33	27	…	…	…	nc	nc	nc
宮崎	24	8	16	…	…	…	nc	nc	nc
鹿児島	4	1	3	…	…	…	nc	nc	nc
沖縄	-	-	-	…	…	…	nc	nc	nc
関東農政局	919	94	825	…	…	…	nc	nc	nc
東海農政局	102	7	95	…	…	…	nc	nc	nc
中国四国農政局	817	352	465	…	…	…	nc	nc	nc

注：　小豆の作付面積については、主産県を調査の対象とし、３年ごとに全国調査を実施している。令和元年産は主産県調査年であり、全国調査を行った平成30年産の調査結果に基づき、全国値を推計している。
　なお、主産県とは、平成30年産における全国の作付面積のおおむね80％を占めるまでの上位都道府県及び畑作物共済事業を実施する都道府県である。

(3) いんげん

単位：ha

全国農業地域 ・ 都道府県	平成30年産			令和元年産			対前年差		
	計	田	畑	計	田	畑	計	田	畑
	(1)	(2)	(3)	(4)	(5)	(6)	(7)	(8)	(9)
全国	**7,350**	**308**	**7,040**	**6,860**	**305**	**6,560**	**△ 490**	**△ 3**	**△ 480**
(全国農業地域)									
北海道	6,790	250	6,540	6,340	250	6,090	△ 450	0	△ 450
都府県	556	58	498	…	…	…	nc	nc	nc
東北	68	5	63	…	…	…	nc	nc	nc
北陸	80	6	74	…	…	…	nc	nc	nc
関東・東山	391	44	347	…	…	…	nc	nc	nc
東海	2	−	2	…	…	…	nc	nc	nc
近畿	4	1	3	…	…	…	nc	nc	nc
中国	8	2	6	…	…	…	nc	nc	nc
四国	3	0	3	…	…	…	nc	nc	nc
九州	−	−	−	…	…	…	nc	nc	nc
沖縄	−	−	−	…	…	…	nc	nc	nc
(都道府県)									
北海道	6,790	250	6,540	6,340	250	6,090	△ 450	0	△ 450
青森	4	−	4	…	…	…	nc	nc	nc
岩手	18	4	14	…	…	…	nc	nc	nc
宮城	1	0	1	…	…	…	nc	nc	nc
秋田	18	x	x	…	…	…	nc	nc	nc
山形	9	−	9	…	…	…	nc	nc	nc
福島	18	x	x	…	…	…	nc	nc	nc
茨城	39	0	39	…	…	…	nc	nc	nc
栃木	5	0	5	…	…	…	nc	nc	nc
群馬	104	6	98	…	…	…	nc	nc	nc
埼玉	−	−	−	…	…	…	nc	nc	nc
千葉	−	−	−	…	…	…	nc	nc	nc
東京	−	−	−	…	…	…	nc	nc	nc
神奈川	1	−	1	…	…	…	nc	nc	nc
新潟	38	3	35	…	…	…	nc	nc	nc
富山	7	2	5	…	…	…	nc	nc	nc
石川	26	1	25	…	…	…	nc	nc	nc
福井	9	0	9	…	…	…	nc	nc	nc
山梨	47	12	35	…	…	…	nc	nc	nc
長野	195	26	169	…	…	…	nc	nc	nc
岐阜	0	−	0	…	…	…	nc	nc	nc
静岡	−	−	−	…	…	…	nc	nc	nc
愛知	2	−	2	…	…	…	nc	nc	nc
三重	−	−	−	…	…	…	nc	nc	nc
滋賀	0	0	0	…	…	…	nc	nc	nc
京都	3	0	3	…	…	…	nc	nc	nc
大阪	−	−	−	…	…	…	nc	nc	nc
兵庫	1	1	−	…	…	…	nc	nc	nc
奈良	−	−	−	…	…	…	nc	nc	nc
和歌山	−	−	−	…	…	…	nc	nc	nc
鳥取	3	−	3	…	…	…	nc	nc	nc
島根	2	2	0	…	…	…	nc	nc	nc
岡山	0	0	0	…	…	…	nc	nc	nc
広島	3	0	3	…	…	…	nc	nc	nc
山口	−	−	−	…	…	…	nc	nc	nc
徳島	1	−	1	…	…	…	nc	nc	nc
香川	0	0	0	…	…	…	nc	nc	nc
愛媛	1	0	1	…	…	…	nc	nc	nc
高知	1	−	1	…	…	…	nc	nc	nc
福岡	−	−	−	…	…	…	nc	nc	nc
佐賀	−	−	−	…	…	…	nc	nc	nc
長崎	−	−	−	…	…	…	nc	nc	nc
熊本	−	−	−	…	…	…	nc	nc	nc
大分	−	−	−	…	…	…	nc	nc	nc
宮崎	−	−	−	…	…	…	nc	nc	nc
鹿児島	−	−	−	…	…	…	nc	nc	nc
沖縄	−	−	−	…	…	…	nc	nc	nc
関東農政局	391	44	347	…	…	…	nc	nc	nc
東海農政局	2	−	2	…	…	…	nc	nc	nc
中国四国農政局	11	2	9	…	…	…	nc	nc	nc

注： いんげんの作付面積については、主産県を調査の対象とし、３年ごとに全国調査を実施している。令和元年産は主産県調査年であり、全国調査を行った平成30年産の調査結果に基づき、全国値を推計している。
なお、主産県とは、平成30年産における全国の作付面積のおおむね80％を占めるまでの上位都道府県及び畑作物共済事業を実施する都道府県である。

(4)　らっかせい

単位：ha

全国農業地域・都道府県	平成30年産 計	平成30年産 田	平成30年産 畑	令和元年産 計	令和元年産 田	令和元年産 畑	対前年差 計	対前年差 田	対前年差 畑
	(1)	(2)	(3)	(4)	(5)	(6)	(7)	(8)	(9)
全国	**6,370**	**133**	**6,240**	**6,330**	**126**	**6,210**	**△ 40**	**△ 7**	**△ 30**
(全国農業地域)									
北海道	3	-	3	…	…	…	nc	nc	nc
都府県	6,370	133	6,240	…	…	…	nc	nc	nc
東北	11	3	8	…	…	…	nc	nc	nc
北陸	31	2	29	…	…	…	nc	nc	nc
関東・東山	5,980	83	5,890	…	…	…	nc	nc	nc
東海	84	7	77	…	…	…	nc	nc	nc
近畿	7	2	5	…	…	…	nc	nc	nc
中国	13	5	8	…	…	…	nc	nc	nc
四国	14	4	10	…	…	…	nc	nc	nc
九州	227	27	200	…	…	…	nc	nc	nc
沖縄	8	-	8	…	…	…	nc	nc	nc
(都道府県)									
北海道	3	-	3	…	…	…	nc	nc	nc
青森	0	-	0	…	…	…	nc	nc	nc
岩手	0	0	0	…	…	…	nc	nc	nc
宮城	0	0	0	…	…	…	nc	nc	nc
秋田	0	0	0	…	…	…	nc	nc	nc
山形	1	-	1	…	…	…	nc	nc	nc
福島	10	3	7	…	…	…	nc	nc	nc
茨城	544	18	526	528	17	511	△ 16	△ 1	△ 15
栃木	78	6	72	…	…	…	nc	nc	nc
群馬	30	-	30	…	…	…	nc	nc	nc
埼玉	34	-	34	…	…	…	nc	nc	nc
千葉	5,080	43	5,030	5,060	38	5,020	△ 20	△ 5	△ 10
東京	3	-	3	…	…	…	nc	nc	nc
神奈川	159	7	152	…	…	…	nc	nc	nc
新潟	25	2	23	…	…	…	nc	nc	nc
富山	3	0	3	…	…	…	nc	nc	nc
石川	1	0	1	…	…	…	nc	nc	nc
福井	2	0	2	…	…	…	nc	nc	nc
山梨	39	9	30	…	…	…	nc	nc	nc
長野	13	0	13	…	…	…	nc	nc	nc
岐阜	25	2	23	…	…	…	nc	nc	nc
静岡	18	2	16	…	…	…	nc	nc	nc
愛知	16	2	14	…	…	…	nc	nc	nc
三重	25	1	24	…	…	…	nc	nc	nc
滋賀	3	1	2	…	…	…	nc	nc	nc
京都	2	0	2	…	…	…	nc	nc	nc
大阪	-	-	-	…	…	…	nc	nc	nc
兵庫	1	1	0	…	…	…	nc	nc	nc
奈良	1	0	1	…	…	…	nc	nc	nc
和歌山	0	0	0	…	…	…	nc	nc	nc
鳥取	4	1	3	…	…	…	nc	nc	nc
島根	0	0	0	…	…	…	nc	nc	nc
岡山	4	0	4	…	…	…	nc	nc	nc
広島	4	3	1	…	…	…	nc	nc	nc
山口	1	1	0	…	…	…	nc	nc	nc
徳島	0	0	0	…	…	…	nc	nc	nc
香川	6	3	3	…	…	…	nc	nc	nc
愛媛	3	1	2	…	…	…	nc	nc	nc
高知	5	0	5	…	…	…	nc	nc	nc
福岡	5	2	3	…	…	…	nc	nc	nc
佐賀	4	0	4	…	…	…	nc	nc	nc
長崎	33	5	28	…	…	…	nc	nc	nc
熊本	19	2	17	…	…	…	nc	nc	nc
大分	25	6	19	…	…	…	nc	nc	nc
宮崎	37	9	28	…	…	…	nc	nc	nc
鹿児島	104	3	101	…	…	…	nc	nc	nc
沖縄	8	-	8	…	…	…	nc	nc	nc
関東農政局	5,990	85	5,910	…	…	…	nc	nc	nc
東海農政局	66	5	61	…	…	…	nc	nc	nc
中国四国農政局	27	9	18	…	…	…	nc	nc	nc

注：　らっかせいの作付面積については、主産県を調査の対象とし、3年ごとに全国調査を実施している。令和元年産は主産県調査年であり、全国調査を行った平成30年産の調査結果に基づき、全国値を推計している。

なお、主産県とは、平成30年産における全国の作付面積のおおむね80％を占めるまでの上位都道府県及び畑作物共済事業を実施する都道府県である。

(5) いんげん種類別作付面積（北海道）

単位：ha

区分	平成30年産	令和元年産	対前年差
	(1)	(2)	(3)
北海道	**6,790**	**6,340**	**△ 450**
うち金時	5,140	4,590	△ 550
手亡	1,210	1,360	150

6　果樹栽培面積

全国農業地域・都道府県		みかん			その他かんきつ類			りんご		
		平成30年	令和元年	対前年差	平成30年	令和元年	対前年差	平成30年	令和元年	対前年差
		(1)	(2)	(3)	(4)	(5)	(6)	(7)	(8)	(9)
全国	(1)	41,800	40,800	△1,000	25,500	25,100	△ 400	37,700	37,400	△ 300
（全国農業地域）										
北海道	(2)	…	…	nc	…	…	nc	575	568	△ 7
都府県	(3)	…	…	nc	…	…	nc	…	…	nc
東北	(4)	…	…	nc	…	…	nc	28,200	28,000	△ 200
北陸	(5)	…	…	nc	…	…	nc	…	…	nc
関東・東山	(6)	…	…	nc	…	…	nc	…	…	nc
東海	(7)	…	…	nc	…	…	nc	…	…	nc
近畿	(8)	…	…	nc	…	…	nc	…	…	nc
中国	(9)	…	…	nc	…	…	nc	…	…	nc
四国	(10)	8,040	7,880	△ 160	10,700	10,600	△ 100	…	…	nc
九州	(11)	12,800	12,500	△ 300	…	…	nc	…	…	nc
沖縄	(12)	…	…	nc	…	…	nc	…	…	nc
（都道府県）										
北海道	(13)	…	…	nc	…	…	nc	575	568	△ 7
青森	(14)	…	…	nc	…	…	nc	20,600	20,500	△ 100
岩手	(15)	…	…	nc	…	…	nc	2,460	2,450	△ 10
宮城	(16)	…	…	nc	…	…	nc	193	185	△ 8
秋田	(17)	…	…	nc	…	…	nc	1,370	1,350	△ 20
山形	(18)	…	…	nc	…	…	nc	2,280	2,250	△ 30
福島	(19)	…	…	nc	…	…	nc	1,260	1,260	0
茨城	(20)	…	…	nc	…	…	nc	…	…	nc
栃木	(21)	…	…	nc	…	…	nc	…	…	nc
群馬	(22)	…	…	nc	…	…	nc	428	422	△ 6
埼玉	(23)	…	…	nc	…	…	nc	…	…	nc
千葉	(24)	100	100	0	…	…	nc	…	…	nc
東京	(25)	…	…	nc	…	…	nc	…	…	nc
神奈川	(26)	1,200	1,170	△ 30	…	…	nc	…	…	nc
新潟	(27)	…	…	nc	…	…	nc	…	…	nc
富山	(28)	…	…	nc	…	…	nc	107	106	△ 1
石川	(29)	…	…	nc	…	…	nc	50	48	△ 2
福井	(30)	…	…	nc	…	…	nc	…	…	nc
山梨	(31)	…	…	nc	…	…	nc	56	53	△ 3
長野	(32)	…	…	nc	…	…	nc	7,580	7,500	△ 80
岐阜	(33)	…	…	nc	…	…	nc	85	84	△ 1
静岡	(34)	5,580	5,470	△ 110	983	958	△ 25	…	…	nc
愛知	(35)	1,370	1,330	△ 40	…	…	nc	…	…	nc
三重	(36)	1,120	1,070	△ 50	352	341	△ 11	…	…	nc
滋賀	(37)	…	…	nc	…	…	nc	…	…	nc
京都	(38)	…	…	nc	…	…	nc	…	…	nc
大阪	(39)	720	712	△ 8	…	…	nc	…	…	nc
兵庫	(40)	166	165	△ 1	…	…	nc	…	…	nc
奈良	(41)	…	…	nc	…	…	nc	…	…	nc
和歌山	(42)	7,500	7,410	△ 90	2,230	2,210	△ 20	…	…	nc
鳥取	(43)	…	…	nc	…	…	nc	…	…	nc
島根	(44)	…	…	nc	…	…	nc	…	…	nc
岡山	(45)	…	…	nc	…	…	nc	…	…	nc
広島	(46)	1,930	1,850	△ 80	1,480	1,470	△ 10	87	87	0
山口	(47)	705	691	△ 14	446	436	△ 10	…	…	nc
徳島	(48)	786	757	△ 29	965	941	△ 24	…	…	nc
香川	(49)	1,120	1,100	△ 20	315	316	1	…	…	nc
愛媛	(50)	5,800	5,700	△ 100	7,720	7,610	△ 110	…	…	nc
高知	(51)	336	320	△ 16	1,740	1,710	△ 30	…	…	nc
福岡	(52)	1,280	1,250	△ 30	…	…	nc	…	…	nc
佐賀	(53)	2,330	2,220	△ 110	…	…	nc	…	…	nc
長崎	(54)	2,970	2,920	△ 50	…	…	nc	…	…	nc
熊本	(55)	3,940	3,850	△ 90	2,530	2,470	△ 60	…	…	nc
大分	(56)	720	709	△ 11	1,140	1,140	0	…	…	nc
宮崎	(57)	685	643	△ 42	660	647	△ 13	…	…	nc
鹿児島	(58)	921	883	△ 38	1,980	1,950	△ 30	…	…	nc
沖縄	(59)	…	…	nc	…	…	nc	…	…	nc
関東農政局	(60)	…	…	nc	…	…	nc	…	…	nc
東海農政局	(61)	…	…	nc	…	…	nc	…	…	nc
中国四国農政局	(62)	…	…	nc	…	…	nc	…	…	nc

注：　果樹の栽培面積については、主産県を調査の対象とし、6年ごとに全国調査を実施している。平成30年、令和元年は主産県調査年であり、全国調査を行った平成28年の調査結果に基づき、全国値を推計している。

なお、主産県とは、調査対象作物ごとに、平成28年における全国の栽培面積のおおむね80%を占めるまでの上位都道府県及び果樹共済事業を実施する都道府県である（以下の各統計表において同じ。）。

日本なし			西洋なし			か　き			
平成30年	令和元年	対前年差	平成30年	令和元年	対前年差	平成30年	令和元年	対前年差	
(10)	(11)	(12)	(13)	(14)	(15)	(16)	(17)	(18)	
11,700	**11,400**	**△ 300**	**1,530**	**1,510**	**△ 20**	**19,700**	**19,400**	**△ 300**	(1)
…	…	nc	…	…	nc	…	…	nc	(2)
…	…	nc	…	…	nc	…	…	nc	(3)
…	…	nc	…	…	nc	…	…	nc	(4)
797	784	△ 13	…	…	nc	1,380	1,370	△ 10	(5)
…	…	nc	…	…	nc	…	…	nc	(6)
…	…	nc	…	…	nc	3,240	3,170	△ 70	(7)
…	…	nc	…	…	nc	…	…	nc	(8)
…	…	nc	…	…	nc	…	…	nc	(9)
…	…	nc	…	…	nc	…	…	nc	(10)
…	…	nc	…	…	nc	…	…	nc	(11)
…	…	nc	…	…	nc	…	…	nc	(12)
…	…	nc	…	…	nc	…	…	nc	(13)
…	…	nc	143	140	△ 3	…	…	nc	(14)
…	…	nc	…	…	nc	…	…	nc	(15)
152	146	△ 6	…	…	nc	322	315	△ 7	(16)
187	179	△ 8	…	…	nc	…	…	nc	(17)
126	122	△ 4	884	876	△ 8	830	817	△ 13	(18)
890	880	△ 10	38	38	0	1,080	1,100	20	(19)
998	975	△ 23	…	…	nc	380	376	△ 4	(20)
765	753	△ 12	…	…	nc	…	…	nc	(21)
214	212	△ 2	…	…	nc	…	…	nc	(22)
366	350	△ 16	…	…	nc	…	…	nc	(23)
1,480	1,450	△ 30	…	…	nc	…	…	nc	(24)
94	92	△ 2	…	…	nc	…	…	nc	(25)
240	235	△ 5	…	…	nc	…	…	nc	(26)
420	410	△ 10	113	108	△ 5	655	650	△ 5	(27)
171	168	△ 3	…	…	nc	277	274	△ 3	(28)
139	139	0	…	…	nc	313	308	△ 5	(29)
67	67	0	…	…	nc	136	134	△ 2	(30)
…	…	nc	…	…	nc	615	600	△ 15	(31)
746	730	△ 16	95	93	△ 2	687	686	△ 1	(32)
119	119	0	…	…	nc	1,270	1,260	△ 10	(33)
…	…	nc	…	…	nc	427	414	△ 13	(34)
355	347	△ 8	…	…	nc	1,140	1,110	△ 30	(35)
…	…	nc	…	…	nc	402	386	△ 16	(36)
57	54	△ 3	…	…	nc	…	…	nc	(37)
84	78	△ 6	…	…	nc	…	…	nc	(38)
…	…	nc	…	…	nc	…	…	nc	(39)
65	65	0	…	…	nc	…	…	nc	(40)
…	…	nc	…	…	nc	1,820	1,810	△ 10	(41)
…	…	nc	…	…	nc	2,560	2,550	△ 10	(42)
778	722	△ 56	…	…	nc	270	257	△ 13	(43)
…	…	nc	…	…	nc	313	305	△ 8	(44)
…	…	nc	…	…	nc	394	387	△ 7	(45)
140	140	0	…	…	nc	369	369	0	(46)
178	170	△ 8	…	…	nc	…	…	nc	(47)
216	213	△ 3	…	…	nc	…	…	nc	(48)
39	39	0	…	…	nc	185	181	△ 4	(49)
…	…	nc	…	…	nc	612	595	△ 17	(50)
…	…	nc	…	…	nc	…	…	nc	(51)
387	377	△ 10	…	…	nc	1,280	1,250	△ 30	(52)
214	199	△ 15	…	…	nc	…	…	nc	(53)
62	56	△ 6	…	…	nc	…	…	nc	(54)
503	485	△ 18	…	…	nc	372	363	△ 9	(55)
367	365	△ 2	…	…	nc	…	…	nc	(56)
…	…	nc	…	…	nc	…	…	nc	(57)
…	…	nc	…	…	nc	…	…	nc	(58)
…	…	nc	…	…	nc	…	…	nc	(59)
…	…	nc	…	…	nc	…	…	nc	(60)
…	…	nc	…	…	nc	2,810	2,750	△ 60	(61)
…	…	nc	…	…	nc	…	…	nc	(62)

6 果樹栽培面積（続き）

全国農業地域・都道府県		びわ			もも			すもも		
		平成30年	令和元年	対前年差	平成30年	令和元年	対前年差	平成30年	令和元年	対前年差
		(19)	(20)	(21)	(22)	(23)	(24)	(25)	(26)	(27)
全国	(1)	1,190	1,140	△ 50	10,400	10,300	△ 100	2,960	2,930	△ 30
（全国農業地域）										
北海道	(2)	…	…	nc	…	…	nc	161	157	△ 4
都府県	(3)	…	…	nc	…	…	nc	…	…	nc
東北	(4)	…	…	nc	…	…	nc	…	…	nc
北陸	(5)	…	…	nc	…	…	nc	…	…	nc
関東・東山	(6)	…	…	nc	…	…	nc	…	…	nc
東海	(7)	…	…	nc	…	…	nc	…	…	nc
近畿	(8)	…	…	nc	…	…	nc	…	…	nc
中国	(9)	…	…	nc	…	…	nc	…	…	nc
四国	(10)	…	…	nc	…	…	nc	…	…	nc
九州	(11)	…	…	nc	…	…	nc	…	…	nc
沖縄	(12)	…	…	nc	…	…	nc	…	…	nc
（都道府県）										
北海道	(13)	…	…	nc	…	…	nc	161	157	△ 4
青森	(14)	…	…	nc	…	138	nc	109	109	0
岩手	(15)	…	…	nc	…	…	nc	…	…	nc
宮城	(16)	…	…	nc	…	…	nc	…	…	nc
秋田	(17)	…	…	nc	…	…	nc	…	…	nc
山形	(18)	…	…	nc	666	671	5	258	261	3
福島	(19)	…	…	nc	1,790	1,790	0	152	149	△ 3
茨城	(20)	…	…	nc	…	…	nc	…	…	nc
栃木	(21)	…	…	nc	…	…	nc	…	…	nc
群馬	(22)	…	…	nc	…	…	nc	…	…	nc
埼玉	(23)	…	…	nc	…	…	nc	…	…	nc
千葉	(24)	154	154	0	…	…	nc	…	…	nc
東京	(25)	…	…	nc	…	…	nc	…	…	nc
神奈川	(26)	…	…	nc	…	…	nc	…	…	nc
新潟	(27)	…	…	nc	223	219	△ 4	…	…	nc
富山	(28)	…	…	nc	…	…	nc	…	…	nc
石川	(29)	…	…	nc	…	…	nc	…	…	nc
福井	(30)	…	…	nc	…	…	nc	…	…	nc
山梨	(31)	…	…	nc	3,400	3,370	△ 30	880	869	△ 11
長野	(32)	…	…	nc	1,070	1,040	△ 30	385	383	△ 2
岐阜	(33)	…	…	nc	70	68	△ 2	…	…	nc
静岡	(34)	…	…	nc	…	…	nc	…	…	nc
愛知	(35)	…	…	nc	…	…	nc	…	…	nc
三重	(36)	…	…	nc	…	…	nc	…	…	nc
滋賀	(37)	…	…	nc	…	…	nc	…	…	nc
京都	(38)	…	…	nc	…	…	nc	…	…	nc
大阪	(39)	…	…	nc	…	…	nc	…	…	nc
兵庫	(40)	42	42	0	…	…	nc	…	…	nc
奈良	(41)	…	…	nc	…	…	nc	…	…	nc
和歌山	(42)	38	35	△ 3	749	738	△ 11	292	292	0
鳥取	(43)	…	…	nc	…	…	nc	…	…	nc
島根	(44)	…	…	nc	…	…	nc	…	…	nc
岡山	(45)	…	…	nc	665	662	△ 3	…	…	nc
広島	(46)	…	…	nc	…	…	nc	…	…	nc
山口	(47)	…	…	nc	…	…	nc	…	…	nc
徳島	(48)	…	…	nc	…	…	nc	…	…	nc
香川	(49)	73	71	△ 2	200	199	△ 1	…	…	nc
愛媛	(50)	66	63	△ 3	76	73	△ 3	…	…	nc
高知	(51)	40	33	△ 7	…	…	nc	…	…	nc
福岡	(52)	…	…	nc	…	…	nc	68	65	△ 3
佐賀	(53)	…	…	nc	…	…	nc	…	…	nc
長崎	(54)	406	384	△ 22	…	…	nc	…	…	nc
熊本	(55)	30	27	△ 3	…	…	nc	…	…	nc
大分	(56)	51	49	△ 2	…	…	nc	…	…	nc
宮崎	(57)	…	…	nc	…	…	nc	…	…	nc
鹿児島	(58)	125	117	△ 8	…	…	nc	76	73	△ 3
沖縄	(59)	…	…	nc	…	…	nc	…	…	nc
関東農政局	(60)	…	…	nc	…	…	nc	…	…	nc
東海農政局	(61)	…	…	nc	…	…	nc	…	…	nc
中国四国農政局	(62)	…	…	nc	…	…	nc	…	…	nc

単位：ha

おうとう			うめ			ぶどう			
平成30年	令和元年	対前年差	平成30年	令和元年	対前年差	平成30年	令和元年	対前年差	
(28)	(29)	(30)	(31)	(32)	(33)	(34)	(35)	(36)	
4,690	**4,690**	**0**	**15,600**	**15,200**	**△ 400**	**17,900**	**17,800**	**△ 100**	(1)
556	552	△ 4	…	…	nc	1,220	1,240	20	(2)
…	…	nc	…	…	nc	…	…	nc	(3)
…	…	nc	…	…	nc	…	…	nc	(4)
…	…	nc	…	…	nc	…	…	nc	(5)
…	…	nc	…	…	nc	…	…	nc	(6)
…	…	nc	…	…	nc	…	…	nc	(7)
…	…	nc	…	…	nc	…	…	nc	(8)
…	…	nc	…	…	nc	…	…	nc	(9)
…	…	nc	…	…	nc	…	…	nc	(10)
…	…	nc	…	…	nc	…	…	nc	(11)
…	…	nc	…	…	nc	…	…	nc	(12)
556	552	△ 4	…	…	nc	1,220	1,240	20	(13)
…	…	nc	…	…	nc	446	429	△ 17	(14)
…	…	nc	…	…	nc	366	367	1	(15)
…	…	nc	405	395	△ 10	…	…	nc	(16)
94	94	0	…	…	nc	203	199	△ 4	(17)
3,040	3,050	10	…	…	nc	1,550	1,550	0	(18)
…	…	nc	395	378	△ 17	281	290	9	(19)
…	…	nc	420	397	△ 23	251	242	△ 9	(20)
…	…	nc	289	264	△ 25	…	…	nc	(21)
…	…	nc	961	941	△ 20	137	134	△ 3	(22)
…	…	nc	299	290	△ 9	169	169	0	(23)
…	…	nc	281	277	△ 4	…	…	nc	(24)
…	…	nc	…	…	nc	…	…	nc	(25)
…	…	nc	362	358	△ 4	…	…	nc	(26)
…	…	nc	…	…	nc	253	251	△ 2	(27)
…	…	nc	…	…	nc	33	39	6	(28)
…	…	nc	…	…	nc	164	160	△ 4	(29)
…	…	nc	491	483	△ 8	…	…	nc	(30)
341	337	△ 4	386	375	△ 11	4,080	4,070	△ 10	(31)
…	…	nc	423	399	△ 24	2,460	2,530	70	(32)
…	…	nc	…	…	nc	…	…	nc	(33)
…	…	nc	240	225	△ 15	…	…	nc	(34)
…	…	nc	397	395	△ 2	464	457	△ 7	(35)
…	…	nc	265	261	△ 4	…	…	nc	(36)
…	…	nc	…	…	nc	59	59	0	(37)
…	…	nc	…	…	nc	…	…	nc	(38)
…	…	nc	…	…	nc	419	415	△ 4	(39)
…	…	nc	…	…	nc	274	269	△ 5	(40)
…	…	nc	305	292	△ 13	…	…	nc	(41)
…	…	nc	5,410	5,390	△ 20	…	…	nc	(42)
…	…	nc	…	…	nc	66	64	△ 2	(43)
…	…	nc	…	…	nc	239	230	△ 9	(44)
…	…	nc	…	…	nc	1,220	1,220	0	(45)
…	…	nc	288	288	0	285	282	△ 3	(46)
…	…	nc	229	203	△ 26	…	…	nc	(47)
…	…	nc	137	135	△ 2	…	…	nc	(48)
…	…	nc	…	…	nc	186	183	△ 3	(49)
…	…	nc	…	…	nc	154	155	1	(50)
…	…	nc	…	…	nc	…	…	nc	(51)
…	…	nc	253	234	△ 19	763	745	△ 18	(52)
…	…	nc	…	…	nc	…	…	nc	(53)
…	…	nc	…	…	nc	…	…	nc	(54)
…	…	nc	…	…	nc	…	…	nc	(55)
…	…	nc	265	264	△ 1	300	282	△ 18	(56)
…	…	nc	…	…	nc	163	153	△ 10	(57)
…	…	nc	232	225	△ 7	…	…	nc	(58)
…	…	nc	…	…	nc	…	…	nc	(59)
…	…	nc	…	…	nc	…	…	nc	(60)
…	…	nc	…	…	nc	…	…	nc	(61)
…	…	nc	…	…	nc	…	…	nc	(62)

6 果樹栽培面積（続き）

単位：ha

全国農業地域・都道府県	くり			パインアップル			キウイフルーツ		
	平成30年	令和元年	対前年差	平成30年	令和元年	対前年差	平成30年	令和元年	対前年差
	(37)	(38)	(39)	(40)	(41)	(42)	(43)	(44)	(45)
全国	**18,900**	**18,400**	**△ 500**	**565**	**580**	**15**	**2,090**	**2,050**	**△ 40**
（全国農業地域）									
北海道	…	…	nc	…	…	nc	…	…	nc
都府県	…	…	nc	…	…	nc	…	…	nc
東北	…	…	nc	…	…	nc	…	…	nc
北陸	…	…	nc	…	…	nc	…	…	nc
関東・東山	…	…	nc	…	…	nc	…	…	nc
東海	…	…	nc	…	…	nc	…	…	nc
近畿	…	…	nc	…	…	nc	…	…	nc
中国	…	…	nc	…	…	nc	…	…	nc
四国	…	…	nc	…	…	nc	…	…	nc
九州	…	…	nc	…	…	nc	…	…	nc
沖縄	…	…	nc	563	578	15	…	…	nc
（都道府県）									
北海道	…	…	nc	…	…	nc	…	…	nc
青森	…	…	nc	…	…	nc	…	…	nc
岩手	…	…	nc	…	…	nc	…	…	nc
宮城	…	…	nc	…	…	nc	…	…	nc
秋田	216	192	△ 24	…	…	nc	…	…	nc
山形	…	…	nc	…	…	nc	…	…	nc
福島	…	…	nc	…	…	nc	…	…	nc
茨城	3,510	3,420	△ 90	…	…	nc	38	33	△ 5
栃木	514	493	△ 21	…	…	nc	60	60	0
群馬	…	…	nc	…	…	nc	77	75	△ 2
埼玉	672	657	△ 15	…	…	nc	…	…	nc
千葉	414	402	△ 12	…	…	nc	49	47	△ 2
東京	451	440	△ 11	…	…	nc	…	…	nc
神奈川	453	442	△ 11	…	…	nc	136	135	△ 1
新潟	…	…	nc	…	…	nc	30	30	0
富山	…	…	nc	…	…	nc	…	…	nc
石川	134	133	△ 1	…	…	nc	…	…	nc
福井	…	…	nc	…	…	nc	…	…	nc
山梨	…	…	nc	…	…	nc	56	56	0
長野	261	259	△ 2	…	…	nc	…	…	nc
岐阜	450	450	0	…	…	nc	…	…	nc
静岡	244	229	△ 15	…	…	nc	120	113	△ 7
愛知	…	…	nc	…	…	nc	33	32	△ 1
三重	…	…	nc	…	…	nc	…	…	nc
滋賀	…	…	nc	…	…	nc	…	…	nc
京都	424	394	△ 30	…	…	nc	…	…	nc
大阪	144	143	△ 1	…	…	nc	…	…	nc
兵庫	561	556	△ 5	…	…	nc	…	…	nc
奈良	…	…	nc	…	…	nc	…	…	nc
和歌山	…	…	nc	…	…	nc	156	159	3
鳥取	…	…	nc	…	…	nc	…	…	nc
島根	99	96	△ 3	…	…	nc	…	…	nc
岡山	330	324	△ 6	…	…	nc	…	…	nc
広島	…	…	nc	…	…	nc	39	39	0
山口	720	709	△ 11	…	…	nc	30	27	△ 3
徳島	…	…	nc	…	…	nc	33	31	△ 2
香川	55	54	△ 1	…	…	nc	60	61	1
愛媛	2,100	2,090	△ 10	…	…	nc	404	401	△ 3
高知	…	…	nc	…	…	nc	…	…	nc
福岡	228	223	△ 5	…	…	nc	292	286	△ 6
佐賀	…	…	nc	…	…	nc	60	58	△ 2
長崎	…	…	nc	…	…	nc	…	…	nc
熊本	2,600	2,510	△ 90	…	…	nc	…	…	nc
大分	414	413	△ 1	…	…	nc	51	53	2
宮崎	822	794	△ 28	…	…	nc	…	…	nc
鹿児島	…	…	nc	…	…	nc	…	…	nc
沖縄	…	…	nc	563	578	15	…	…	nc
関東農政局	…	…	nc	…	…	nc	…	…	nc
東海農政局	…	…	nc	…	…	nc	…	…	nc
中国四国農政局	…	…	nc	…	…	nc	…	…	nc

7　茶栽培面積

単位：ha

全国農業地域 ・ 都道府県	平成30年	令和元年	対前年差
	(1)	(2)	(3)
全国	**41,500**	**40,600**	**△ 900**
(全国農業地域)			
北海道	…	…	nc
都府県	…	…	nc
東北	…	…	nc
北陸	…	…	nc
関東・東山	…	…	nc
東海	…	…	nc
近畿	…	…	nc
中国	…	…	nc
四国	…	…	nc
九州	…	…	nc
沖縄	…	…	nc
(都道府県)			
北海道	…	…	nc
青森	…	…	nc
岩手	…	…	nc
宮城	…	…	nc
秋田	…	…	nc
山形	…	…	nc
福島	…	…	nc
茨城	…	…	nc
栃木	…	…	nc
群馬	…	…	nc
埼玉	855	843	△ 12
千葉	…	…	nc
東京	…	…	nc
神奈川	…	…	nc
新潟	…	…	nc
富山	…	…	nc
石川	…	…	nc
福井	…	…	nc
山梨	…	…	nc
長野	…	…	nc
岐阜	…	…	nc
静岡	16,500	15,900	△ 600
愛知	521	517	△ 4
三重	2,880	2,780	△ 100
滋賀	…	…	nc
京都	1,570	1,560	△ 10
大阪	…	…	nc
兵庫	…	…	nc
奈良	…	…	nc
和歌山	…	…	nc
鳥取	…	…	nc
島根	…	…	nc
岡山	…	…	nc
広島	…	…	nc
山口	…	…	nc
徳島	…	…	nc
香川	…	…	nc
愛媛	…	…	nc
高知	…	…	nc
福岡	1,540	1,540	0
佐賀	795	749	△ 46
長崎	742	737	△ 5
熊本	1,260	1,220	△ 40
大分	…	…	nc
宮崎	1,390	1,380	△ 10
鹿児島	8,410	8,400	△ 10
沖縄	…	…	nc
関東農政局	…	…	nc
東海農政局	…	…	nc
中国四国農政局	…	…	nc

注：　茶の栽培面積については、主産県を調査の対象とし、６年ごとに全国調査を実施している。平成30年及び令和元年は主産県調査年であり、全国調査を行った平成28年の調査結果に基づき、全国値を推計している。

　なお、主産県とは、平成28年における全国の栽培面積のおおむね80％を占めるまでの上位都道府県及び畑作物共済事業を実施する都道府県である。

8　飼料作物、えん麦（緑肥用）作付（栽培）面積
(1)　飼料作物
ア　飼料作物計

単位：ha

全国農業地域・都道府県	平成30年産			令和元年産			対前年差		
	計	田	畑	計	田	畑	計	田	畑
	(1)	(2)	(3)	(4)	(5)	(6)	(7)	(8)	(9)
全国	**970,300**	**224,600**	**745,600**	**961,600**	**218,100**	**743,500**	**△ 8,700**	**△ 6,500**	**△ 2,100**
(全国農業地域)									
北海道	592,300	20,400	571,900	592,500	20,600	571,900	200	200	0
都府県	…	…	…	…	…	…	nc	nc	nc
東北	…	…	…	…	…	…	nc	nc	nc
北陸	…	…	…	…	…	…	nc	nc	nc
関東・東山	…	…	…	…	…	…	nc	nc	nc
東海	…	…	…	…	…	…	nc	nc	nc
近畿	…	…	…	…	…	…	nc	nc	nc
中国	…	…	…	…	…	…	nc	nc	nc
四国	…	…	…	…	…	…	nc	nc	nc
九州	…	…	…	…	…	…	nc	nc	nc
沖縄	5,900	11	5,890	5,740	13	5,730	△ 160	2	△ 160
(都道府県)									
北海道	592,300	20,400	571,900	592,500	20,600	571,900	200	200	0
青森	26,300	10,800	15,500	25,200	10,200	15,000	△ 1,100	△ 600	△ 500
岩手	46,600	14,500	32,200	46,100	14,100	32,000	△ 500	△ 400	△ 200
宮城	…	…	…	…	…	…	nc	nc	nc
秋田	…	…	…	…	…	…	nc	nc	nc
山形	…	…	…	…	…	…	nc	nc	nc
福島	…	…	…	…	…	…	nc	nc	nc
茨城	13,100	9,210	3,860	12,700	8,870	3,860	△ 400	△ 340	0
栃木	23,400	15,200	8,270	23,200	14,800	8,390	△ 200	△ 400	120
群馬	8,230	2,450	5,780	7,710	2,200	5,520	△ 520	△ 250	△ 260
埼玉	…	…	…	…	…	…	nc	nc	nc
千葉	7,950	5,980	1,970	7,350	5,430	1,920	△ 600	△ 550	△ 50
東京	…	…	…	…	…	…	nc	nc	nc
神奈川	…	…	…	…	…	…	nc	nc	nc
新潟	…	…	…	…	…	…	nc	nc	nc
富山	…	…	…	…	…	…	nc	nc	nc
石川	…	…	…	…	…	…	nc	nc	nc
福井	…	…	…	…	…	…	nc	nc	nc
山梨	…	…	…	1,080	70	1,010	nc	nc	nc
長野	…	…	…	…	…	…	nc	nc	nc
岐阜	…	…	…	…	…	…	nc	nc	nc
静岡	…	…	…	…	…	…	nc	nc	nc
愛知	3,050	1,890	1,160	2,840	1,700	1,140	△ 210	△ 190	△ 20
三重	…	…	…	…	…	…	nc	nc	nc
滋賀	…	…	…	…	…	…	nc	nc	nc
京都	…	…	…	…	…	…	nc	nc	nc
大阪	…	…	…	…	…	…	nc	nc	nc
兵庫	2,940	2,480	454	2,920	2,470	450	△ 20	△ 10	△ 4
奈良	…	…	…	…	…	…	nc	nc	nc
和歌山	…	…	…	…	…	…	nc	nc	nc
鳥取	4,710	2,340	2,360	4,530	2,250	2,280	△ 180	△ 90	△ 80
島根	3,240	2,140	1,100	3,080	1,980	1,100	△ 160	△ 160	0
岡山	…	…	…	…	…	…	nc	nc	nc
広島	…	…	…	…	…	…	nc	nc	nc
山口	3,240	2,660	572	3,260	2,710	552	20	50	△ 20
徳島	…	…	…	…	…	…	nc	nc	nc
香川	…	…	…	…	…	…	nc	nc	nc
愛媛	…	…	…	…	…	…	nc	nc	nc
高知	…	…	…	…	…	…	nc	nc	nc
福岡	…	…	…	…	…	…	nc	nc	nc
佐賀	3,360	2,840	522	3,380	2,900	487	20	60	△ 35
長崎	11,000	6,110	4,940	11,100	6,220	4,860	100	110	△ 80
熊本	28,200	17,000	11,200	28,100	16,900	11,200	△ 100	△ 100	0
大分	10,700	6,410	4,250	10,500	6,350	4,200	△ 200	△ 60	△ 50
宮崎	33,900	20,100	13,800	33,600	20,000	13,500	△ 300	△ 100	△ 300
鹿児島	30,400	13,100	17,300	30,000	13,100	16,900	△ 400	0	△ 400
沖縄	5,900	11	5,890	5,740	13	5,730	△ 160	2	△ 160
関東農政局	…	…	…	…	…	…	nc	nc	nc
東海農政局	…	…	…	…	…	…	nc	nc	nc
中国四国農政局	…	…	…	…	…	…	nc	nc	nc

注：「飼料作物計」とは、牧草、青刈りとうもろこし、ソルゴーのほか、その他飼料作物（飼料用米等）を含めた飼料作物の合計である。
　飼料作物の作付（栽培）面積については、主産県を調査の対象とし、３年ごとに全国調査を実施している。平成30年及び令和元年産は主産県調査年であり、全国調査を行った平成29年産の調査結果に基づき、全国値を推計している（以下イ、ウ、エにおいて同じ。）。
　なお、主産県とは、平成29年における全国の作付（栽培）面積のおおむね80%を占めるまでの上位都道府県及び農業競争力強化基盤整備事業のうち飼料作物に係るものを実施する都道府県である（以下イ、ウ、エにおいて同じ。）。

イ　牧草

単位：ha

全国農業地域・都道府県	平成30年産 計	平成30年産 田	平成30年産 畑	令和元年産 計	令和元年産 田	令和元年産 畑	対前年差 計	対前年差 田	対前年差 畑
	(1)	(2)	(3)	(4)	(5)	(6)	(7)	(8)	(9)
全国	**726,000**	**79,000**	**647,000**	**724,400**	**79,400**	**645,000**	**△ 1,600**	**400**	**△ 2,000**
(全国農業地域)									
北海道	533,600	15,800	517,800	532,800	15,900	517,000	△ 800	100	△ 800
都府県	…	…	…	…	…	…	nc	nc	nc
東北	…	…	…	…	…	…	nc	nc	nc
北陸	…	…	…	…	…	…	nc	nc	nc
関東・東山	…	…	…	…	…	…	nc	nc	nc
東海	…	…	…	…	…	…	nc	nc	nc
近畿	…	…	…	…	…	…	nc	nc	nc
中国	…	…	…	…	…	…	nc	nc	nc
四国	…	…	…	…	…	…	nc	nc	nc
九州	…	…	…	…	…	…	nc	nc	nc
沖縄	5,840	11	5,830	5,710	13	5,700	△ 130	2	△ 130
(都道府県)									
北海道	533,600	15,800	517,800	532,800	15,900	517,000	△ 800	100	△ 800
青森	18,500	4,610	13,900	18,200	4,680	13,500	△ 300	70	△ 400
岩手	35,900	8,500	27,400	35,600	8,360	27,300	△ 300	△ 140	△ 100
宮城	…	…	…	…	…	…	nc	nc	nc
秋田	…	…	…	…	…	…	nc	nc	nc
山形	…	…	…	…	…	…	nc	nc	nc
福島	…	…	…	…	…	…	nc	nc	nc
茨城	1,550	352	1,200	1,540	345	1,190	△ 10	△ 7	△ 10
栃木	7,090	2,290	4,790	7,470	2,640	4,830	380	350	40
群馬	2,930	246	2,680	2,750	245	2,500	△ 180	△ 1	△ 180
埼玉	…	…	…	…	…	…	nc	nc	nc
千葉	1,020	233	783	969	225	744	△ 51	△ 8	△ 39
東京	…	…	…	…	…	…	nc	nc	nc
神奈川	…	…	…	…	…	…	nc	nc	nc
新潟	…	…	…	…	…	…	nc	nc	nc
富山	…	…	…	…	…	…	nc	nc	nc
石川	…	…	…	…	…	…	nc	nc	nc
福井	…	…	…	…	…	…	nc	nc	nc
山梨	…	…	…	871	9	862	nc	nc	nc
長野	…	…	…	…	…	…	nc	nc	nc
岐阜	…	…	…	…	…	…	nc	nc	nc
静岡	…	…	…	…	…	…	nc	nc	nc
愛知	733	104	629	717	102	615	△ 16	△ 2	△ 14
三重	…	…	…	…	…	…	nc	nc	nc
滋賀	…	…	…	…	…	…	nc	nc	nc
京都	…	…	…	…	…	…	nc	nc	nc
大阪	…	…	…	…	…	…	nc	nc	nc
兵庫	970	678	292	916	624	292	△ 54	△ 54	0
奈良	…	…	…	…	…	…	nc	nc	nc
和歌山	…	…	…	…	…	…	nc	nc	nc
鳥取	2,310	787	1,530	2,260	781	1,480	△ 50	△ 6	△ 50
島根	1,400	474	925	1,420	497	921	20	23	△ 4
岡山	…	…	…	…	…	…	nc	nc	nc
広島	…	…	…	…	…	…	nc	nc	nc
山口	1,250	798	447	1,250	806	447	0	8	0
徳島	…	…	…	…	…	…	nc	nc	nc
香川	…	…	…	…	…	…	nc	nc	nc
愛媛	…	…	…	…	…	…	nc	nc	nc
高知	…	…	…	…	…	…	nc	nc	nc
福岡	…	…	…	…	…	…	nc	nc	nc
佐賀	910	573	337	903	590	313	△ 7	17	△ 24
長崎	5,560	2,890	2,670	5,610	2,930	2,680	50	40	10
熊本	14,400	5,960	8,410	14,400	5,960	8,430	0	0	20
大分	5,070	1,680	3,380	5,080	1,730	3,350	10	50	△ 30
宮崎	16,000	8,730	7,290	15,800	8,660	7,190	△ 200	△ 70	△ 100
鹿児島	18,900	6,170	12,700	19,000	6,240	12,800	100	70	100
沖縄	5,840	11	5,830	5,710	13	5,700	△ 130	2	△ 130
関東農政局	…	…	…	…	…	…	nc	nc	nc
東海農政局	…	…	…	…	…	…	nc	nc	nc
中国四国農政局	…	…	…	…	…	…	nc	nc	nc

ウ　青刈りとうもろこし

単位：ha

全国農業地域・都道府県	平成30年産 計	田	畑	令和元年産 計	田	畑	対前年差 計	田	畑
	(1)	(2)	(3)	(4)	(5)	(6)	(7)	(8)	(9)
全国	**94,600**	**8,660**	**85,900**	**94,700**	**8,410**	**86,300**	**100**	**△ 250**	**400**
(全国農業地域)									
北海道	55,500	1,590	53,900	56,300	1,560	54,800	800	△ 30	900
都府県	…	…	…	…	…	…	nc	nc	nc
東北	…	…	…	…	…	…	nc	nc	nc
北陸	…	…	…	…	…	…	nc	nc	nc
関東・東山	…	…	…	…	…	…	nc	nc	nc
東海	…	…	…	…	…	…	nc	nc	nc
近畿	…	…	…	…	…	…	nc	nc	nc
中国	…	…	…	…	…	…	nc	nc	nc
四国	…	…	…	…	…	…	nc	nc	nc
九州	…	…	…	…	…	…	nc	nc	nc
沖縄	1	-	1	1	-	1	0	-	0
(都道府県)									
北海道	55,500	1,590	53,900	56,300	1,560	54,800	800	△ 30	900
青森	1,680	77	1,600	1,550	53	1,490	△ 130	△ 24	△ 110
岩手	5,130	373	4,760	5,100	363	4,740	△ 30	△ 10	△ 20
宮城	…	…	…	…	…	…	nc	nc	nc
秋田	…	…	…	…	…	…	nc	nc	nc
山形	…	…	…	…	…	…	nc	nc	nc
福島	…	…	…	…	…	…	nc	nc	nc
茨城	2,460	216	2,240	2,490	196	2,290	30	△ 20	50
栃木	4,740	1,710	3,030	4,850	1,740	3,110	110	30	80
群馬	2,770	317	2,450	2,650	293	2,350	△ 120	△ 24	△ 100
埼玉	…	…	…	…	…	…	nc	nc	nc
千葉	962	153	809	950	149	801	△ 12	△ 4	△ 8
東京	…	…	…	…	…	…	nc	nc	nc
神奈川	…	…	…	…	…	…	nc	nc	nc
新潟	…	…	…	…	…	…	nc	nc	nc
富山	…	…	…	…	…	…	nc	nc	nc
石川	…	…	…	…	…	…	nc	nc	nc
福井	…	…	…	…	…	…	nc	nc	nc
山梨	…	…	…	153	31	122	nc	nc	nc
長野	…	…	…	…	…	…	nc	nc	nc
岐阜	…	…	…	…	…	…	nc	nc	nc
静岡	…	…	…	…	…	…	nc	nc	nc
愛知	178	11	167	175	11	164	△ 3	0	△ 3
三重	…	…	…	…	…	…	nc	nc	nc
滋賀	…	…	…	…	…	…	nc	nc	nc
京都	…	…	…	…	…	…	nc	nc	nc
大阪	…	…	…	…	…	…	nc	nc	nc
兵庫	149	112	37	147	110	37	△ 2	△ 2	0
奈良	…	…	…	…	…	…	nc	nc	nc
和歌山	…	…	…	…	…	…	nc	nc	nc
鳥取	869	231	638	838	223	615	△ 31	△ 8	△ 23
島根	66	7	59	65	6	59	△ 1	△ 1	0
岡山	…	…	…	…	…	…	nc	nc	nc
広島	…	…	…	…	…	…	nc	nc	nc
山口	7	6	1	6	5	1	△ 1	△ 1	0
徳島	…	…	…	…	…	…	nc	nc	nc
香川	…	…	…	…	…	…	nc	nc	nc
愛媛	…	…	…	…	…	…	nc	nc	nc
高知	…	…	…	…	…	…	nc	nc	nc
福岡	…	…	…	…	…	…	nc	nc	nc
佐賀	9	4	5	9	4	5	0	0	0
長崎	524	83	441	465	79	386	△ 59	△ 4	△ 55
熊本	3,410	1,100	2,310	3,400	1,070	2,330	△ 10	△ 30	20
大分	729	220	509	700	196	504	△ 29	△ 24	△ 5
宮崎	4,810	718	4,090	4,700	678	4,020	△ 110	△ 40	△ 70
鹿児島	2,030	130	1,900	1,690	89	1,600	△ 340	△ 41	△ 300
沖縄	1	-	1	1	-	1	0	-	0
関東農政局	…	…	…	…	…	…	nc	nc	nc
東海農政局	…	…	…	…	…	…	nc	nc	nc
中国四国農政局	…	…	…	…	…	…	nc	nc	nc

エ　ソルゴー

単位：ha

全国農業地域・都道府県	平成30年産 計	平成30年産 田	平成30年産 畑	令和元年産 計	令和元年産 田	令和元年産 畑	対前年差 計	対前年差 田	対前年差 畑
	(1)	(2)	(3)	(4)	(5)	(6)	(7)	(8)	(9)
全国	**14,000**	**6,370**	**7,600**	**13,300**	**6,130**	**7,200**	**△ 700**	**△ 240**	**△ 400**
（全国農業地域）									
北海道	x	－	x	15	－	15	x	－	x
都府県	…	…	…	…	…	…	nc	nc	nc
東北	…	…	…	…	…	…	nc	nc	nc
北陸	…	…	…	…	…	…	nc	nc	nc
関東・東山	…	…	…	…	…	…	nc	nc	nc
東海	…	…	…	…	…	…	nc	nc	nc
近畿	…	…	…	…	…	…	nc	nc	nc
中国	…	…	…	…	…	…	nc	nc	nc
四国	…	…	…	…	…	…	nc	nc	nc
九州	…	…	…	…	…	…	nc	nc	nc
沖縄	44	－	44	14	－	14	△ 30	－	△ 30
（都道府県）									
北海道	x	－	x	15	－	15	x	－	x
青森	－	－	－	－	－	－	－	－	－
岩手	3	3	0	2	2	0	△ 1	△ 1	0
宮城	…	…	…	…	…	…	nc	nc	nc
秋田	…	…	…	…	…	…	nc	nc	nc
山形	…	…	…	…	…	…	nc	nc	nc
福島	…	…	…	…	…	…	nc	nc	nc
茨城	315	28	287	272	26	246	△ 43	△ 2	△ 41
栃木	291	149	142	296	152	144	5	3	2
群馬	88	24	64	76	16	60	△ 12	△ 8	△ 4
埼玉	…	…	…	…	…	…	nc	nc	nc
千葉	446	147	299	439	146	293	△ 7	△ 1	△ 6
東京	…	…	…	…	…	…	nc	nc	nc
神奈川	…	…	…	…	…	…	nc	nc	nc
新潟	…	…	…	…	…	…	nc	nc	nc
富山	…	…	…	…	…	…	nc	nc	nc
石川	…	…	…	…	…	…	nc	nc	nc
福井	…	…	…	…	…	…	nc	nc	nc
山梨	…	…	…	2	0	2	nc	nc	nc
長野	…	…	…	…	…	…	nc	nc	nc
岐阜	…	…	…	…	…	…	nc	nc	nc
静岡	…	…	…	…	…	…	nc	nc	nc
愛知	390	119	271	383	117	266	△ 7	△ 2	△ 5
三重	…	…	…	…	…	…	nc	nc	nc
滋賀	…	…	…	…	…	…	nc	nc	nc
京都	…	…	…	…	…	…	nc	nc	nc
大阪	…	…	…	…	…	…	nc	nc	nc
兵庫	710	593	117	718	604	114	8	11	△ 3
奈良	…	…	…	…	…	…	nc	nc	nc
和歌山	…	…	…	…	…	…	nc	nc	nc
鳥取	321	162	159	333	184	149	12	22	△ 10
島根	184	80	104	177	74	103	△ 7	△ 6	△ 1
岡山	…	…	…	…	…	…	nc	nc	nc
広島	…	…	…	…	…	…	nc	nc	nc
山口	435	329	106	408	306	102	△ 27	△ 23	△ 4
徳島	…	…	…	…	…	…	nc	nc	nc
香川	…	…	…	…	…	…	nc	nc	nc
愛媛	…	…	…	…	…	…	nc	nc	nc
高知	…	…	…	…	…	…	nc	nc	nc
福岡	…	…	…	…	…	…	nc	nc	nc
佐賀	329	216	113	333	231	102	4	15	△ 11
長崎	2,140	984	1,150	2,100	978	1,130	△ 40	△ 6	△ 20
熊本	768	438	330	744	410	334	△ 24	△ 28	4
大分	823	516	307	780	475	305	△ 43	△ 41	△ 2
宮崎	2,850	1,020	1,830	2,780	976	1,800	△ 70	△ 44	△ 30
鹿児島	1,840	579	1,260	1,560	493	1,070	△ 280	△ 86	△ 190
沖縄	44	－	44	14	－	14	△ 30	－	△ 30
関東農政局	…	…	…	…	…	…	nc	nc	nc
東海農政局	…	…	…	…	…	…	nc	nc	nc
中国四国農政局	…	…	…	…	…	…	nc	nc	nc

オ　〔参考〕飼料用米、WCS用稲

単位：ha

全国農業地域・都道府県	令和元年産 飼料用米	令和元年産 WCS用稲
	(1)	(2)
全国	**72,509**	**42,450**
(全国農業地域)		
北海道	1,974	573
都府県	70,531	41,877
東北	23,028	7,457
北陸	5,256	1,001
関東・東山	22,580	3,921
東海	6,357	855
近畿	1,400	1,174
中国	3,780	2,110
四国	1,765	715
九州	6,365	24,644
沖縄	-	-
(都道府県)		
北海道	1,974	573
青森	4,765	652
岩手	3,724	1,673
宮城	4,871	2,053
秋田	1,601	1,144
山形	3,444	922
福島	4,623	1,013
茨城	7,707	527
栃木	8,414	1,620
群馬	1,003	528
埼玉	1,281	106
千葉	3,914	912
東京	-	-
神奈川	10	-
新潟	2,213	383
富山	1,301	432
石川	579	93
福井	1,163	93
山梨	16	12
長野	235	216
岐阜	2,336	188
静岡	1,136	239
愛知	1,272	179
三重	1,613	249
滋賀	958	231
京都	99	114
大阪	6	-
兵庫	305	789
奈良	30	38
和歌山	2	2
鳥取	685	368
島根	794	545
岡山	1,076	327
広島	332	552
山口	893	318
徳島	476	220
香川	121	125
愛媛	288	134
高知	880	236
福岡	1,969	1,497
佐賀	558	1,448
長崎	128	1,218
熊本	1,175	7,757
大分	1,362	2,458
宮崎	431	6,625
鹿児島	742	3,641
沖縄	-	-
関東農政局	23,716	4,160
東海農政局	5,221	616
中国四国農政局	5,545	2,825

注：農林水産省政策統括官
　『令和元年産新規需要米の取組計画認定状況』

(2) えん麦（緑肥用）

単位：ha

全国農業地域・都道府県	平成30年産			令和元年産			対前年差		
	計	田	畑	計	田	畑	計	田	畑
	(1)	(2)	(3)	(4)	(5)	(6)	(7)	(8)	(9)
全国	**44,700**	**8,460**	**36,200**	**41,600**	**5,070**	**36,500**	**△ 3,100**	**△ 3,390**	**300**
(全国農業地域)									
北海道	41,000	7,020	34,000	38,200	3,910	34,300	△ 2,800	△ 3,110	300
都府県	…	…	…	…	…	…	nc	nc	nc
東北	…	…	…	…	…	…	nc	nc	nc
北陸	…	…	…	…	…	…	nc	nc	nc
関東・東山	…	…	…	…	…	…	nc	nc	nc
東海	…	…	…	…	…	…	nc	nc	nc
近畿	…	…	…	…	…	…	nc	nc	nc
中国	…	…	…	…	…	…	nc	nc	nc
四国	…	…	…	…	…	…	nc	nc	nc
九州	…	…	…	…	…	…	nc	nc	nc
沖縄	…	…	…	…	…	…	nc	nc	nc
(都道府県)									
北海道	41,000	7,020	34,000	38,200	3,910	34,300	△ 2,800	△ 3,110	300
青森	…	…	…	…	…	…	nc	nc	nc
岩手	…	…	…	…	…	…	nc	nc	nc
宮城	…	…	…	…	…	…	nc	nc	nc
秋田	…	…	…	…	…	…	nc	nc	nc
山形	…	…	…	…	…	…	nc	nc	nc
福島	…	…	…	…	…	…	nc	nc	nc
茨城	…	…	…	…	…	…	nc	nc	nc
栃木	…	…	…	…	…	…	nc	nc	nc
群馬	…	…	…	…	…	…	nc	nc	nc
埼玉	…	…	…	…	…	…	nc	nc	nc
千葉	…	…	…	…	…	…	nc	nc	nc
東京	…	…	…	…	…	…	nc	nc	nc
神奈川	…	…	…	…	…	…	nc	nc	nc
新潟	…	…	…	…	…	…	nc	nc	nc
富山	…	…	…	…	…	…	nc	nc	nc
石川	…	…	…	…	…	…	nc	nc	nc
福井	…	…	…	…	…	…	nc	nc	nc
山梨	…	…	…	…	…	…	nc	nc	nc
長野	…	…	…	…	…	…	nc	nc	nc
岐阜	…	…	…	…	…	…	nc	nc	nc
静岡	…	…	…	…	…	…	nc	nc	nc
愛知	…	…	…	…	…	…	nc	nc	nc
三重	…	…	…	…	…	…	nc	nc	nc
滋賀	…	…	…	…	…	…	nc	nc	nc
京都	…	…	…	…	…	…	nc	nc	nc
大阪	…	…	…	…	…	…	nc	nc	nc
兵庫	…	…	…	…	…	…	nc	nc	nc
奈良	…	…	…	…	…	…	nc	nc	nc
和歌山	…	…	…	…	…	…	nc	nc	nc
鳥取	…	…	…	…	…	…	nc	nc	nc
島根	…	…	…	…	…	…	nc	nc	nc
岡山	…	…	…	…	…	…	nc	nc	nc
広島	…	…	…	…	…	…	nc	nc	nc
山口	…	…	…	…	…	…	nc	nc	nc
徳島	…	…	…	…	…	…	nc	nc	nc
香川	…	…	…	…	…	…	nc	nc	nc
愛媛	…	…	…	…	…	…	nc	nc	nc
高知	…	…	…	…	…	…	nc	nc	nc
福岡	…	…	…	…	…	…	nc	nc	nc
佐賀	…	…	…	…	…	…	nc	nc	nc
長崎	…	…	…	…	…	…	nc	nc	nc
熊本	…	…	…	…	…	…	nc	nc	nc
大分	…	…	…	…	…	…	nc	nc	nc
宮崎	…	…	…	…	…	…	nc	nc	nc
鹿児島	…	…	…	…	…	…	nc	nc	nc
沖縄	…	…	…	…	…	…	nc	nc	nc
関東農政局	…	…	…	…	…	…	nc	nc	nc
東海農政局	…	…	…	…	…	…	nc	nc	nc
中国四国農政局	…	…	…	…	…	…	nc	nc	nc

注：　えん麦（緑肥用）の作付面積については、主産県を調査の対象とし、３年ごとに全国調査を実施している。平成30年産及び令和元年産は主産県調査年であり、全国調査を行った平成29年産の調査結果に基づき、全国値を推計している。
　なお、主産県とは、平成29年産における全国の作付面積のおおむね80％を占めるまでの上位都道府県である。

Ⅲ　耕地の利用状況

1　農作物作付（栽培）延べ面積及び耕地利用率（平成30年）
(1)　田畑計

全国農業地域・都道府県	作付（栽培）延べ面積	水稲（子実用）	麦類（子実用）	大豆（乾燥子実）	そば（乾燥子実）	なたね（子実用）
	(1)	(2)	(3)	(4)	(5)	(6)
	ha	ha	ha	ha	ha	ha
全国 (1)	**4,048,000**	**1,470,000**	**272,900**	**146,600**	**63,900**	**1,920**
（全国農業地域）						
北海道 (2)	1,133,000	104,000	123,100	40,100	24,400	971
都府県 (3)	2,915,000	1,366,000	149,800	106,600	39,500	953
東北 (4)	697,500	379,100	7,870	35,400	16,500	509
北陸 (5)	277,700	205,600	9,790	13,000	5,520	30
関東・東山 (6)	646,800	270,300	38,500	10,000	11,600	x
東海 (7)	226,800	93,400	16,300	12,000	619	102
近畿 (8)	194,400	103,100	10,400	9,700	903	x
中国 (9)	183,500	103,700	5,830	4,530	1,620	x
四国 (10)	114,400	49,300	4,840	531	136	x
九州 (11)	541,700	160,400	56,300	21,400	2,560	198
沖縄 (12)	31,900	716	x	0	53	−
（都道府県）						
北海道 (13)	1,133,000	104,000	123,100	40,100	24,400	971
青森 (14)	122,700	44,200	x	5,010	1,640	270
岩手 (15)	122,500	50,300	3,920	4,590	1,780	30
宮城 (16)	113,900	67,400	2,280	10,700	671	34
秋田 (17)	125,600	87,700	317	8,470	3,610	47
山形 (18)	106,200	64,500	x	5,090	5,040	12
福島 (19)	106,500	64,900	354	1,570	3,720	116
茨城 (20)	150,400	68,400	7,920	3,470	3,370	11
栃木 (21)	118,700	58,500	12,900	2,370	2,700	8
群馬 (22)	62,300	15,600	7,760	303	558	9
埼玉 (23)	66,200	31,900	6,170	667	342	4
千葉 (24)	112,900	55,600	x	885	197	x
東京 (25)	6,410	133	x	10	7	x
神奈川 (26)	18,000	3,080	35	41	21	1
新潟 (27)	147,600	118,200	246	4,750	1,330	8
富山 (28)	53,200	37,300	3,330	4,710	519	17
石川 (29)	35,500	25,100	1,420	1,660	326	x
福井 (30)	41,400	25,000	4,800	1,850	3,350	x
山梨 (31)	20,600	4,900	123	220	188	x
長野 (32)	91,400	32,200	2,750	2,070	4,250	10
岐阜 (33)	48,400	22,500	3,420	2,870	368	−
静岡 (34)	57,300	15,800	768	260	69	4
愛知 (35)	67,800	27,600	5,500	4,440	39	42
三重 (36)	53,200	27,500	6,590	4,390	143	56
滋賀 (37)	53,100	31,700	7,680	6,690	497	32
京都 (38)	24,400	14,500	x	311	122	x
大阪 (39)	10,400	5,010	x	15	1	x
兵庫 (40)	61,000	37,000	2,330	2,500	258	16
奈良 (41)	16,000	8,580	111	148	22	2
和歌山 (42)	29,400	6,430	x	29	3	−
鳥取 (43)	27,200	12,800	163	701	319	4
島根 (44)	28,800	17,500	617	805	679	9
岡山 (45)	50,700	30,200	2,870	1,630	204	4
広島 (46)	41,700	23,400	x	499	343	−
山口 (47)	35,000	19,800	1,900	896	71	x
徳島 (48)	25,200	11,400	x	39	64	x
香川 (49)	24,800	12,500	2,670	61	33	−
愛媛 (50)	41,900	13,900	2,030	346	32	x
高知 (51)	22,500	11,500	13	85	7	−
福岡 (52)	92,200	35,300	21,400	8,280	77	35
佐賀 (53)	68,300	24,300	20,800	8,000	26	20
長崎 (54)	45,400	11,500	1,920	468	162	10
熊本 (55)	106,800	33,300	6,870	2,430	586	58
大分 (56)	50,200	20,700	4,850	1,630	228	36
宮崎 (57)	70,200	16,100	185	250	287	7
鹿児島 (58)	108,600	19,200	x	364	1,190	32
沖縄 (59)	31,900	716	x	0	53	−
関東農政局 (60)	704,200	286,100	39,200	10,300	11,700	x
東海農政局 (61)	169,400	77,600	15,500	11,700	550	98
中国四国農政局 (62)	297,900	153,000	10,700	5,060	1,750	x

注：1　麦類は4麦（子実用）合計面積である（以下(2)、(3)において同じ。）。
　　2　その他作物の一部について、平成29年（産）から、調査の範囲を全国から主産県に変更し、全国調査の実施周期を見直したことから、算出方法を変更している（詳細はP.1【利用者のために 1 調査の概要】参照。）（以下(2)、(3)の統計表において同じ。）。
　　3　その他作物は、陸稲、かんしょ、小豆、いんげん、らっかせい、野菜、果樹、茶、飼料作物、桑、花き、花木、種苗等である（以下(2)、(3)において同じ。）。

その他作物	耕地利用率	(参考) 本地利用率	
(7)	(8)	(9)	
ha	%	%	
2,093,000	91.6	95.4	(1)
840,500	99.0	100.6	(2)
1,252,000	89.0	93.5	(3)
258,100	83.6	87.0	(4)
43,800	89.6	93.6	(5)
316,300	90.6	93.7	(6)
104,400	88.9	93.3	(7)
70,200	87.7	93.7	(8)
67,800	77.2	84.7	(9)
59,600	84.7	89.6	(10)
300,800	102.2	108.9	(11)
31,100	83.9	86.7	(12)
840,500	99.0	100.6	(13)
70,700	81.3	83.6	(14)
61,900	81.6	86.1	(15)
32,800	89.8	93.1	(16)
25,500	85.1	88.3	(17)
31,500	90.2	94.2	(18)
35,800	75.6	78.9	(19)
67,200	90.6	91.9	(20)
42,200	96.3	99.1	(21)
38,100	91.1	94.5	(22)
27,200	88.5	89.9	(23)
55,300	90.2	92.8	(24)
6,230	94.4	95.8	(25)
14,800	94.2	96.8	(26)
23,100	86.8	91.6	(27)
7,320	91.1	94.5	(28)
6,980	86.2	88.5	(29)
6,350	103.0	105.6	(30)
15,100	86.9	90.0	(31)
50,100	85.7	93.6	(32)
19,200	86.4	92.0	(33)
40,400	87.7	91.0	(34)
30,200	90.5	95.0	(35)
14,600	90.3	95.2	(36)
6,500	102.7	107.5	(37)
9,220	80.5	85.6	(38)
5,400	81.3	84.6	(39)
18,900	82.7	90.2	(40)
7,190	78.0	84.2	(41)
22,900	90.7	95.1	(42)
13,300	79.1	86.1	(43)
9,250	78.3	86.0	(44)
15,800	78.5	86.2	(45)
17,200	76.1	83.9	(46)
12,300	74.2	81.6	(47)
13,600	86.9	89.7	(48)
9,520	82.1	88.3	(49)
25,600	86.4	92.1	(50)
11,000	82.1	86.9	(51)
27,000	113.3	118.8	(52)
15,000	132.4	139.4	(53)
31,400	97.4	105.6	(54)
63,500	95.7	103.0	(55)
22,800	90.6	97.9	(56)
53,400	105.7	111.4	(57)
87,600	92.7	99.0	(58)
31,100	83.9	86.7	(59)
356,800	90.4	93.5	(60)
64,000	89.3	94.2	(61)
127,400	79.9	86.5	(62)

4　「作付（栽培）延べ面積」は、これらの作物類別面積の合計である（以下(2)、(3)において同じ。）。
5　耕地（本地）利用率は、耕地（本地）面積を「100」とした作付（栽培）延べ面積の割合である（以下(2)、(3)において同じ。）。

(2) 田

全国農業地域・都道府県	作付（栽培）延べ面積	麦類（子実用）	大豆（乾燥子実）	そば（乾燥子実）	その他作物	耕地利用率	（参考）本地利用率
	(1)	(2)	(3)	(4)	(5)	(6)	(7)
	ha	ha	ha	ha	ha	%	%
全国	**2,236,000**	**171,300**	**118,400**	**38,100**	**437,200**	**93.0**	**98.4**
（全国農業地域）							
北海道	210,300	30,500	18,900	9,690	46,600	94.6	99.9
都府県	2,025,000	140,800	99,400	28,400	390,600	92.8	98.2
東北	522,900	7,120	32,900	12,600	91,100	87.1	91.5
北陸	252,600	9,430	12,300	4,980	20,200	91.0	95.5
関東・東山	381,200	32,600	7,840	6,200	64,300	95.5	100.1
東海	142,500	16,100	11,500	522	21,000	93.6	99.1
近畿	152,700	10,300	9,540	870	28,700	88.9	95.4
中国	143,200	5,710	4,160	1,390	28,300	78.0	86.0
四国	76,700	4,770	505	77	22,000	87.4	92.0
九州	352,700	54,800	20,700	1,720	114,900	113.9	121.2
沖縄	849	-	-	-	133	103.3	110.4
（都道府県）							
北海道	210,300	30,500	18,900	9,690	46,600	94.6	99.9
青森	68,600	771	4,570	1,220	17,800	86.0	90.5
岩手	77,700	3,480	3,940	1,380	18,600	82.5	88.3
宮城	97,600	2,250	10,400	602	16,900	93.0	96.5
秋田	112,500	313	8,020	3,080	13,300	87.1	90.8
山形	86,500	86	4,970	4,330	12,600	93.0	98.1
福島	80,100	219	974	2,020	11,800	80.7	84.9
茨城	93,500	5,320	2,610	1,280	15,900	96.5	98.7
栃木	98,600	12,100	2,240	1,790	23,900	102.3	105.7
群馬	28,700	7,140	157	74	5,780	110.0	117.6
埼玉	41,000	4,880	456	111	3,690	99.0	101.2
千葉	64,500	563	663	20	7,650	87.4	91.2
東京	200	x	-	-	67	78.1	82.3
神奈川	3,740	x	10	0	643	100.3	104.8
新潟	133,500	210	4,520	1,000	9,600	88.5	93.9
富山	51,300	3,330	4,700	501	5,480	91.9	95.5
石川	30,000	1,100	1,270	288	2,280	87.5	90.4
福井	37,700	4,790	1,810	3,190	2,880	103.3	106.2
山梨	6,440	63	147	134	1,190	81.9	89.6
長野	44,500	2,460	1,560	2,790	5,520	84.3	96.3
岐阜	37,300	3,410	2,760	350	8,280	86.9	93.7
静岡	20,900	x	189	35	4,130	94.1	98.6
愛知	41,600	5,420	4,200	24	4,380	97.9	102.7
三重	42,600	6,490	4,320	113	4,180	95.3	100.5
滋賀	50,200	7,660	6,650	494	3,690	105.2	110.3
京都	18,900	x	281	120	3,730	80.1	86.3
大阪	7,570	x	15	1	2,540	83.9	89.0
兵庫	56,500	2,330	2,450	250	14,400	83.8	91.6
奈良	11,400	108	115	3	2,560	78.6	85.1
和歌山	8,200	x	27	2	1,750	86.1	90.7
鳥取	19,300	131	691	307	5,400	82.5	91.5
島根	23,500	583	697	526	4,200	79.1	87.0
岡山	41,000	2,840	1,460	177	6,330	81.0	89.1
広島	30,300	273	447	320	5,860	73.9	81.9
山口	29,100	1,890	867	63	6,470	74.8	82.2
徳島	17,800	x	34	22	6,190	90.8	93.2
香川	21,000	2,640	59	26	5,760	83.7	90.1
愛媛	20,900	1,990	335	23	4,610	92.9	97.7
高知	17,100	x	77	6	5,490	82.6	87.2
福岡	79,800	21,400	8,270	72	14,700	122.6	128.5
佐賀	61,100	20,700	7,900	15	8,050	144.4	151.2
長崎	23,000	1,200	373	110	9,790	108.0	116.2
熊本	74,200	6,490	2,060	393	32,000	108.2	115.4
大分	36,500	4,730	1,570	160	9,350	92.4	100.6
宮崎	41,400	140	227	179	24,800	116.0	124.0
鹿児島	36,700	116	303	791	16,300	99.2	106.1
沖縄	849	-	-	-	133	103.3	110.4
関東農政局	402,100	33,300	8,030	6,230	68,400	95.4	100.0
東海農政局	121,600	15,300	11,300	487	16,800	93.5	99.2
中国四国農政局	219,900	10,500	4,660	1,470	50,300	81.0	88.0

注：水稲（子実用）及びなたね（子実用）の作付面積については、田畑別を調査事項としていない（以下(3)において同じ。）。

(3) 畑

全国農業地域・都道府県	作付（栽培）延べ面積	麦類（子実用）	大豆（乾燥子実）	そば（乾燥子実）	その他作物	耕地利用率	（参考）本地利用率
	(1)	(2)	(3)	(4)	(5)	(6)	(7)
	ha	ha	ha	ha	ha	%	%
全国	**1,812,000**	**101,600**	**28,300**	**25,800**	**1,655,000**	**90.0**	**91.9**
（全国農業地域）							
北海道	922,800	92,600	21,200	14,700	793,900	100.1	100.8
都府県	889,200	8,960	7,130	11,100	861,500	81.4	84.2
東北	174,500	753	2,520	3,840	167,000	74.7	75.8
北陸	25,100	366	671	545	23,500	77.2	78.2
関東・東山	265,600	5,900	2,190	5,420	252,100	84.4	85.8
東海	84,300	221	486	97	83,500	82.0	85.0
近畿	41,700	x	153	33	41,500	83.9	87.8
中国	40,200	x	373	223	39,500	74.2	80.2
四国	37,700	x	26	59	37,600	79.9	85.1
九州	189,000	1,470	716	836	185,900	85.8	91.5
沖縄	31,000	x	0	53	30,900	83.3	86.1
（都道府県）							
北海道	922,800	92,600	21,200	14,700	793,900	100.1	100.8
青森	54,100	x	441	420	52,900	76.0	76.2
岩手	44,800	438	644	408	43,300	80.1	82.7
宮城	16,300	30	271	69	15,900	74.1	76.5
秋田	13,200	4	448	528	12,200	71.7	71.7
山形	19,700	x	117	719	18,900	79.8	80.1
福島	26,400	135	598	1,700	24,000	63.6	64.7
茨城	56,900	2,600	859	2,080	51,400	82.2	82.6
栃木	20,100	707	135	904	18,300	75.0	75.6
群馬	33,600	617	146	484	32,300	79.4	81.0
埼玉	25,200	1,290	211	231	23,500	75.4	76.1
千葉	48,300	x	222	177	47,600	94.0	94.9
東京	6,210	21	10	7	6,170	95.1	96.3
神奈川	14,300	x	31	21	14,200	92.9	95.3
新潟	14,100	36	230	329	13,500	73.4	74.6
富山	1,870	-	7	18	1,840	71.6	72.5
石川	5,460	322	396	38	4,700	78.7	78.9
福井	3,680	8	38	160	3,480	98.1	99.7
山梨	14,100	60	73	54	13,900	89.2	89.2
長野	46,900	x	503	1,460	44,600	86.9	91.1
岐阜	11,100	x	105	18	11,000	84.7	86.7
静岡	36,500	x	71	34	36,300	84.7	87.3
愛知	26,200	81	241	15	25,800	80.9	84.8
三重	10,600	99	69	30	10,400	74.6	77.9
滋賀	2,880	x	40	3	2,820	72.7	73.5
京都	5,520	0	30	2	5,490	82.5	83.8
大阪	2,850	-	0	0	2,850	74.8	75.8
兵庫	4,550	1	48	8	4,500	72.0	77.2
奈良	4,690	3	33	19	4,630	77.9	84.4
和歌山	21,200	-	2	1	21,200	92.6	97.2
鳥取	7,950	32	10	12	7,890	72.3	75.7
島根	5,350	34	108	153	5,050	75.7	81.8
岡山	9,670	x	174	27	9,440	69.1	75.5
広島	11,400	x	52	23	11,300	82.0	89.8
山口	5,900	10	29	8	5,850	71.2	78.1
徳島	7,440	11	5	42	7,380	79.3	82.2
香川	3,790	x	2	7	3,750	74.2	79.0
愛媛	21,000	31	11	9	21,000	80.8	87.1
高知	5,490	x	8	1	5,480	81.3	87.4
福岡	12,400	x	17	5	12,400	76.5	80.0
佐賀	7,200	x	92	11	6,980	77.6	83.7
長崎	22,500	715	95	52	21,600	88.9	96.6
熊本	32,500	379	366	193	31,600	75.8	82.5
大分	13,700	119	62	68	13,400	86.2	91.3
宮崎	28,800	45	23	108	28,600	94.1	97.3
鹿児島	71,900	x	61	399	71,300	89.9	95.6
沖縄	31,000	x	0	53	30,900	83.3	86.1
関東農政局	302,100	5,940	2,260	5,460	288,400	84.5	86.0
東海農政局	47,800	x	415	63	47,100	80.1	83.4
中国四国農政局	78,000	191	399	282	77,100	76.8	82.6

2 夏期における田本地の利用状況

全国農業地域・都道府県		平成30年				令和元年			
		田本地	水稲作付田	水稲以外の作物のみの作付田	夏期全期不作付地	田本地	水稲作付田	水稲以外の作物のみの作付田	夏期全期不作付地
		(1)	(2)	(3)	(4)	(5)	(6)	(7)	(8)
全国	(1)	**2,273,000**	**1,592,000**	**407,300**	**273,400**	**2,261,000**	**1,584,000**	**403,000**	**274,100**
(全国農業地域)									
北海道	(2)	210,500	106,400	101,500	2,690	210,300	105,600	100,900	3,820
都府県	(3)	2,062,000	1,485,000	305,800	270,700	2,051,000	1,479,000	302,100	270,300
東北	(4)	571,200	412,500	99,100	59,600	569,200	412,500	98,500	58,300
北陸	(5)	264,600	212,700	29,100	22,800	263,800	212,800	27,700	23,300
関東・東山	(6)	380,900	299,200	41,400	40,400	379,000	297,600	40,900	40,500
東海	(7)	143,800	100,900	17,700	25,200	142,800	100,300	17,200	25,200
近畿	(8)	160,000	105,800	25,700	28,600	158,800	105,200	25,200	28,400
中国	(9)	166,500	110,200	22,500	33,800	165,300	108,000	22,100	35,200
四国	(10)	83,400	51,900	13,900	17,600	82,700	50,800	14,000	17,900
九州	(11)	290,900	191,800	56,300	42,700	288,700	191,100	56,200	41,300
沖縄	(12)	769	527	88	154	767	506	103	158
(都道府県)									
北海道	(13)	210,500	106,400	101,500	2,690	210,300	105,600	100,900	3,820
青森	(14)	75,800	50,300	16,900	8,540	75,600	50,400	16,600	8,670
岩手	(15)	88,000	55,900	18,100	14,000	87,900	55,900	18,000	14,000
宮城	(16)	101,100	74,900	19,200	7,030	100,700	75,300	19,000	6,360
秋田	(17)	123,900	90,900	20,000	12,900	123,600	90,500	20,300	12,800
山形	(18)	88,200	69,100	17,000	1,990	87,800	68,900	16,900	2,010
福島	(19)	94,300	71,200	7,950	15,100	93,600	71,400	7,800	14,400
茨城	(20)	94,700	77,000	10,000	7,760	94,300	76,600	9,740	7,950
栃木	(21)	93,300	69,300	13,600	10,300	93,000	69,200	13,500	10,300
群馬	(22)	24,400	17,300	3,340	3,770	24,100	17,100	3,310	3,760
埼玉	(23)	40,500	33,600	1,640	5,210	40,300	33,400	1,590	5,390
千葉	(24)	70,700	61,000	2,470	7,190	70,400	60,800	2,440	7,190
東京	(25)	243	133	36	74	237	129	34	74
神奈川	(26)	3,570	3,090	212	266	3,520	3,050	207	263
新潟	(27)	142,200	121,500	11,400	9,220	141,900	121,900	10,700	9,300
富山	(28)	53,700	38,900	8,420	6,350	53,500	38,900	8,180	6,450
石川	(29)	33,200	25,800	2,360	5,010	33,000	25,600	2,210	5,150
福井	(30)	35,500	26,400	6,890	2,250	35,400	26,400	6,610	2,410
山梨	(31)	7,190	4,930	1,030	1,220	7,130	4,910	1,030	1,190
長野	(32)	46,200	32,700	9,030	4,520	45,900	32,400	9,130	4,340
岐阜	(33)	39,800	25,100	5,550	9,110	39,600	25,100	5,450	9,070
静岡	(34)	21,200	17,200	1,650	2,390	21,000	17,100	1,520	2,420
愛知	(35)	40,500	29,200	4,920	6,300	40,100	29,000	4,820	6,300
三重	(36)	42,400	29,400	5,570	7,400	42,100	29,200	5,440	7,430
滋賀	(37)	45,500	32,900	7,780	4,800	45,300	32,900	7,650	4,790
京都	(38)	21,900	14,700	2,970	4,230	21,600	14,600	2,870	4,110
大阪	(39)	8,510	5,010	1,720	1,780	8,380	4,860	1,730	1,790
兵庫	(40)	61,700	38,000	10,700	12,900	61,400	37,900	10,500	13,000
奈良	(41)	13,400	8,660	1,800	2,930	13,100	8,560	1,770	2,820
和歌山	(42)	9,040	6,430	746	1,870	8,990	6,360	729	1,900
鳥取	(43)	21,100	13,900	4,580	2,610	21,100	13,800	4,230	3,090
島根	(44)	27,000	19,000	3,300	4,720	26,900	18,600	3,270	4,950
岡山	(45)	46,000	31,900	5,050	9,130	46,000	31,500	5,000	9,460
広島	(46)	37,000	24,400	4,750	7,810	36,600	23,600	4,820	8,210
山口	(47)	35,400	21,000	4,820	9,500	34,800	20,500	4,820	9,480
徳島	(48)	19,100	12,200	2,860	4,040	19,000	12,000	2,880	4,100
香川	(49)	23,300	12,800	3,830	6,750	23,100	12,300	3,980	6,870
愛媛	(50)	21,400	14,400	3,180	3,830	21,200	14,000	3,120	4,090
高知	(51)	19,600	12,600	4,060	2,960	19,400	12,500	4,030	2,850
福岡	(52)	62,100	38,900	13,500	9,700	61,500	38,500	13,500	9,470
佐賀	(53)	40,400	26,300	11,000	3,110	40,300	26,100	11,000	3,130
長崎	(54)	19,800	12,800	3,480	3,450	19,600	12,700	3,390	3,510
熊本	(55)	64,300	42,300	12,200	9,730	63,900	42,300	12,200	9,410
大分	(56)	36,300	24,600	5,460	6,270	36,100	24,400	5,400	6,290
宮崎	(57)	33,400	23,200	7,610	2,540	33,100	23,200	7,350	2,510
鹿児島	(58)	34,600	23,700	3,010	7,910	34,300	23,900	3,360	7,020
沖縄	(59)	769	527	88	154	767	506	103	158
関東農政局	(60)	402,100	316,300	43,000	42,700	400,000	314,600	42,500	42,900
東海農政局	(61)	122,600	83,800	16,000	22,800	121,800	83,300	15,700	22,800
中国四国農政局	(62)	249,900	162,100	36,400	51,300	248,000	158,800	36,100	53,100

注：1 夏期全期とは、おおむね水稲の栽培期間である。なお、青刈り水稲は、水稲に含む。
　　2 ここでいう田本地面積とは夏期における田本地面積のことであり、この間に耕地災害によるかい廃、復旧等があった場合には、7月15日現在の田本地面積とは必ずしも一致しない。

単位：ha

対前年差				
田本地	水稲作付田	水稲以外の作物のみの作付田	夏期全不作付地	
(9)	(10)	(11)	(12)	
△ 12,000	△ 8,000	△ 4,300	700	(1)
△ 200	△ 800	△ 600	1,130	(2)
△ 11,000	△ 6,000	△ 3,700	△ 400	(3)
△ 2,000	0	△ 600	△ 1,300	(4)
△ 800	100	△ 1,400	500	(5)
△ 1,900	△ 1,600	△ 500	100	(6)
△ 1,000	△ 600	△ 500	0	(7)
△ 1,200	△ 600	△ 500	△ 200	(8)
△ 1,200	△ 2,200	△ 400	1,400	(9)
△ 700	△ 1,100	100	300	(10)
△ 2,200	△ 700	△ 100	△ 1,400	(11)
△ 2	△ 21	15	4	(12)
△ 200	△ 800	△ 600	1,130	(13)
△ 200	100	△ 300	130	(14)
△ 100	0	△ 100	0	(15)
△ 400	400	△ 200	△ 670	(16)
△ 300	△ 400	300	△ 100	(17)
△ 400	△ 200	△ 100	20	(18)
△ 700	200	△ 150	△ 700	(19)
△ 400	△ 400	△ 260	190	(20)
△ 300	△ 100	△ 100	0	(21)
△ 300	△ 200	△ 30	△ 10	(22)
△ 200	△ 200	△ 50	180	(23)
△ 300	△ 200	△ 30	0	(24)
△ 6	△ 4	△ 2	0	(25)
△ 50	△ 40	△ 5	△ 3	(26)
△ 300	400	△ 700	80	(27)
△ 200	0	△ 240	100	(28)
△ 200	△ 200	△ 150	140	(29)
△ 100	0	△ 280	160	(30)
△ 60	△ 20	0	△ 30	(31)
△ 300	△ 300	100	△ 180	(32)
△ 200	0	△ 100	△ 40	(33)
△ 200	△ 100	△ 130	30	(34)
△ 400	△ 200	△ 100	0	(35)
△ 300	△ 200	△ 130	30	(36)
△ 200	0	△ 130	△ 10	(37)
△ 300	△ 100	△ 100	△ 120	(38)
△ 130	△ 150	10	10	(39)
△ 300	△ 100	△ 200	100	(40)
△ 300	△ 100	△ 30	△ 110	(41)
△ 50	△ 70	△ 17	30	(42)
0	△ 100	△ 350	480	(43)
△ 100	△ 400	△ 30	230	(44)
0	△ 400	△ 50	330	(45)
△ 400	△ 800	70	400	(46)
△ 600	△ 500	0	△ 20	(47)
△ 100	△ 200	20	60	(48)
△ 200	△ 500	150	120	(49)
△ 200	△ 400	△ 60	260	(50)
△ 200	△ 100	△ 30	△ 110	(51)
△ 600	△ 400	0	△ 230	(52)
△ 100	△ 200	0	20	(53)
△ 200	△ 100	△ 90	60	(54)
△ 400	0	0	△ 320	(55)
△ 200	△ 200	△ 60	20	(56)
△ 300	0	△ 260	△ 30	(57)
△ 300	200	350	△ 890	(58)
△ 2	△ 21	15	4	(59)
△ 2,100	△ 1,700	△ 500	200	(60)
△ 800	△ 500	△ 300	0	(61)
△ 1,900	△ 3,300	△ 300	1,800	(62)

Ⅳ　累　年　統　計

1　耕地面積及び耕地の拡張・かい廃面積
(1)　耕地面積
ア　田畑別耕地面積

単位：ha

年　次	計	田	畑
	(1)	(2)	(3)
明治　37 年	5, 251, 000	2, 795, 000	2, 456, 000
38	5, 277, 000	2, 809, 000	2, 467, 000
39	5, 293, 000	2, 817, 000	2, 477, 000
40	5, 392, 000	2, 826, 000	2, 565, 000
41	5, 459, 000	2, 850, 000	2, 609, 000
42	5, 571, 000	2, 870, 000	2, 701, 000
43	5, 606, 000	2, 878, 000	2, 728, 000
44	5, 650, 000	2, 891, 000	2, 759, 000
大正　元	5, 709, 000	2, 907, 000	2, 803, 000
2	5, 746, 000	2, 921, 000	2, 825, 000
3	5, 767, 000	2, 929, 000	2, 839, 000
4	5, 811, 000	2, 941, 000	2, 870, 000
5	5, 848, 000	2, 955, 000	2, 893, 000
6	5, 903, 000	2, 972, 000	2, 932, 000
7	5, 977, 000	2, 978, 000	2, 999, 000
8	6, 021, 000	2, 997, 000	3, 025, 000
9	6, 034, 000	3, 009, 000	3, 025, 000
10	6, 047, 000	3, 020, 000	3, 028, 000
11	6, 040, 000	3, 025, 000	3, 015, 000
12	5, 989, 000	3, 041, 000	2, 948, 000
13	6, 015, 000	3, 057, 000	2, 958, 000
14	6, 017, 000	3, 076, 000	2, 940, 000
昭和　元	6, 030, 000	3, 093, 000	2, 937, 000
2	6, 028, 000	3, 104, 000	2, 924, 000
3	6, 035, 000	3, 122, 000	2, 914, 000
4	5, 848, 000	3, 166, 000	2, 682, 000
5	5, 867, 000	3, 178, 000	2, 689, 000
6	5, 905, 000	3, 185, 000	2, 719, 000
7	5, 942, 000	3, 193, 000	2, 749, 000
8	5, 979, 000	3, 199, 000	2, 780, 000
9	5, 988, 000	3, 192, 000	2, 796, 000
10	6, 008, 000	3, 193, 000	2, 816, 000
11	6, 035, 000	3, 191, 000	2, 844, 000
12	6, 048, 000	3, 191, 000	2, 857, 000
13	6, 028, 000	3, 182, 000	2, 846, 000
14	6, 029, 000	3, 183, 000	2, 846, 000
15	6, 027, 000	3, 180, 000	2, 847, 000
16	5, 812, 000	3, 146, 000	2, 666, 000
17	5, 764, 000	3, 138, 000	2, 627, 000
18	5, 670, 000	3, 096, 000	2, 575, 000
19	5, 795, 000	3, 111, 000	2, 684, 000
20	5, 301, 000	2, 962, 000	2, 339, 000
21	5, 271, 000	2, 932, 000	2, 339, 000
22	5, 242, 000	2, 908, 000	2, 333, 000
23	5, 244, 000	2, 895, 000	2, 349, 000
24	…	…	…
25	5, 048, 000	2, 852, 000	2, 196, 000
26	…	…	…
27	5, 401, 000	3, 005, 000	2, 396, 000
28	…	…	…
29	…	…	…
30	5, 140, 000	2, 847, 000	2, 293, 000
昭和　31 年	6, 012, 000	3, 320, 000	2, 692, 000
32	6, 044, 000	3, 335, 000	2, 709, 000
33	6, 064, 000	3, 345, 000	2, 719, 000
34	6, 073, 000	3, 364, 000	2, 709, 000
35	6, 071, 000	3, 381, 000	2, 690, 000
36	6, 086, 000	3, 388, 000	2, 697, 000
37	6, 081, 000	3, 393, 000	2, 688, 000
38	6, 060, 000	3, 399, 000	2, 661, 000
39	6, 042, 000	3, 392, 000	2, 650, 000
40	6, 004, 000	3, 391, 000	2, 614, 000
41	5, 996, 000	3, 396, 000	2, 600, 000
42	5, 938, 000	3, 415, 000	2, 524, 000
43	5, 897, 000	3, 435, 000	2, 462, 000
44	5, 852, 000	3, 441, 000	2, 411, 000
45	5, 796, 000	3, 415, 000	2, 381, 000
46	5, 741, 000	3, 364, 000	2, 377, 000
47	5, 683, 000	3, 312, 000	2, 371, 000
48	5, 647, 000	3, 274, 000	2, 373, 000
49	5, 615, 000	3, 209, 000	2, 406, 000
50	5, 572, 000	3, 171, 000	2, 402, 000
51	5, 536, 000	3, 144, 000	2, 392, 000
52	5, 515, 000	3, 133, 000	2, 382, 000
53	5, 494, 000	3, 108, 000	2, 386, 000
54	5, 474, 000	3, 081, 000	2, 393, 000
55	5, 461, 000	3, 055, 000	2, 406, 000
56	5, 442, 000	3, 031, 000	2, 411, 000
57	5, 426, 000	3, 010, 000	2, 416, 000
58	5, 411, 000	2, 989, 000	2, 422, 000
59	5, 396, 000	2, 971, 000	2, 425, 000
60	5, 379, 000	2, 952, 000	2, 427, 000
61	5, 358, 000	2, 931, 000	2, 427, 000
62	5, 340, 000	2, 910, 000	2, 430, 000
63	5, 317, 000	2, 889, 000	2, 428, 000
平成　元	5, 279, 000	2, 868, 000	2, 410, 000
2	5, 243, 000	2, 846, 000	2, 397, 000
3	5, 204, 000	2, 825, 000	2, 380, 000
4	5, 165, 000	2, 802, 000	2, 362, 000
5	5, 124, 000	2, 782, 000	2, 343, 000
6	5, 083, 000	2, 764, 000	2, 318, 000
7	5, 038, 000	2, 745, 000	2, 293, 000
8	4, 994, 000	2, 724, 000	2, 269, 000
9	4, 949, 000	2, 701, 000	2, 248, 000
10	4, 905, 000	2, 679, 000	2, 226, 000
11	4, 866, 000	2, 659, 000	2, 207, 000
12	4, 830, 000	2, 641, 000	2, 189, 000
13	4, 794, 000	2, 624, 000	2, 170, 000
14	4, 762, 000	2, 607, 000	2, 156, 000
15	4, 736, 000	2, 592, 000	2, 144, 000
16	4, 714, 000	2, 575, 000	2, 139, 000
17	4, 692, 000	2, 556, 000	2, 136, 000
18	4, 671, 000	2, 543, 000	2, 128, 000
19	4, 650, 000	2, 530, 000	2, 120, 000
20	4, 628, 000	2, 516, 000	2, 112, 000

注：1　大正12年以前及び昭和19年から昭和48年までは沖縄県を含まない。
2　大正14年以前は、帝国農会調査による「自小作段別」の農事調査報告書（いわゆる農事統計）によるもので、属人統計である。
3　昭和元年から昭和15年までは、農林省統計報告規則に基づき、市町村において属地的に調査したものである。
4　昭和16年から昭和18年までは、農林水産業調査規則に基づく夏期調査（8月1日現在）結果であり、属人統計である。
5　昭和19年から昭和23年までは、4の属人調査結果を基に耕地の増減面積（拡張・かい廃調査）を用いて算出したものである。ただし、昭和20年は市町村農業会と市町村で共同調査したものであるが、千葉、広島及び大分の3県は報告がないため前年実績を用いた。
6　昭和25年は「世界農業センサス」（昭和25. 2. 1）結果、昭和27年は「農業動態調査」（昭和27. 2. 1）結果、昭和30年は「臨時農業基本調査」（昭和30. 2. 1）結果で、いずれも属人統計である。
7　昭和31年以降は標本調査による属地統計である。

単位：ha

年次	計	田	畑
	(1)	(2)	(3)
平成 21 年	4, 609, 000	2, 506, 000	2, 103, 000
22	4, 593, 000	2, 496, 000	2, 097, 000
23	4, 561, 000	2, 474, 000	2, 087, 000
24	4, 549, 000	2, 469, 000	2, 080, 000
25	4, 537, 000	2, 465, 000	2, 072, 000
26	4, 518, 000	2, 458, 000	2, 060, 000
27	4, 496, 000	2, 446, 000	2, 050, 000
28	4, 471, 000	2, 432, 000	2, 039, 000
29	4, 444, 000	2, 418, 000	2, 026, 000
30	4, 420, 000	2, 405, 000	2, 014, 000
令和 元	**4, 397, 000**	**2, 393, 000**	**2, 004, 000**

イ　本地・けい畔別及び耕地種類別面積

年次		本地・けい畔					
		田畑計			田		
		計	本地	けい畔	小計	本地	けい畔
		(1)	(2)	(3)	(4)	(5)	(6)
昭和 31 年	(1)	6, 012, 000	5, 703, 000	309, 000	3, 320, 000	3, 088, 000	231, 700
32	(2)	6, 044, 000	5, 730, 000	314, 500	3, 335, 000	3, 103, 000	232, 800
33	(3)	6, 064, 000	5, 749, 000	315, 200	3, 345, 000	3, 112, 000	233, 300
34	(4)	6, 073, 000	5, 757, 000	315, 800	3, 364, 000	3, 129, 000	235, 100
35	(5)	6, 071, 000	5, 755, 000	315, 700	3, 381, 000	3, 146, 000	236, 000
36	(6)	6, 086, 000	5, 769, 000	316, 300	3, 388, 000	3, 152, 000	236, 800
37	(7)	6, 081, 000	5, 763, 000	317, 100	3, 393, 000	3, 156, 000	236, 800
38	(8)	6, 060, 000	5, 744, 000	315, 900	3, 399, 000	3, 162, 000	236, 400
39	(9)	6, 042, 000	5, 726, 000	315, 700	3, 392, 000	3, 156, 000	236, 100
40	(10)	6, 004, 000	5, 690, 000	314, 400	3, 391, 000	3, 154, 000	236, 100
41	(11)	5, 996, 000	5, 681, 000	314, 200	3, 396, 000	3, 159, 000	236, 300
42	(12)	5, 938, 000	5, 626, 000	312, 300	3, 415, 000	3, 178, 000	236, 300
43	(13)	5, 897, 000	5, 586, 000	310, 500	3, 435, 000	3, 198, 000	236, 900
44	(14)	5, 852, 000	5, 543, 000	308, 700	3, 441, 000	3, 204, 000	236, 900
45	(15)	5, 796, 000	5, 491, 000	304, 600	3, 415, 000	3, 180, 000	234, 400
46	(16)	5, 741, 000	5, 442, 000	298, 800	3, 364, 000	3, 134, 000	229, 800
47	(17)	5, 683, 000	5, 391, 000	292, 200	3, 312, 000	3, 088, 000	224, 100
48	(18)	5, 647, 000	5, 359, 000	288, 000	3, 274, 000	3, 053, 000	220, 600
49	(19)	5, 615, 000	5, 331, 000	284, 100	3, 209, 000	2, 994, 000	215, 400
50	(20)	5, 572, 000	5, 293, 000	279, 300	3, 171, 000	2, 959, 000	211, 700
51	(21)	5, 536, 000	5, 262, 000	274, 300	3, 144, 000	2, 936, 000	208, 200
52	(22)	5, 515, 000	5, 244, 000	271, 100	3, 133, 000	2, 927, 000	206, 000
53	(23)	5, 494, 000	5, 225, 000	268, 400	3, 108, 000	2, 905, 000	202, 900
54	(24)	5, 474, 000	5, 209, 000	265, 300	3, 081, 000	2, 881, 000	200, 100
55	(25)	5, 461, 000	5, 199, 000	262, 100	3, 055, 000	2, 858, 000	197, 200
56	(26)	5, 442, 000	5, 183, 000	259, 300	3, 031, 000	2, 836, 000	194, 900
57	(27)	5, 426, 000	5, 169, 000	257, 100	3, 010, 000	2, 817, 000	192, 800
58	(28)	5, 411, 000	5, 156, 000	254, 600	2, 989, 000	2, 798, 000	190, 700
59	(29)	5, 396, 000	5, 145, 000	251, 800	2, 971, 000	2, 783, 000	188, 400
60	(30)	5, 379, 000	5, 130, 000	249, 000	2, 952, 000	2, 766, 000	186, 200
61	(31)	5, 358, 000	5, 113, 000	245, 700	2, 931, 000	2, 748, 000	183, 300
62	(32)	5, 340, 000	5, 097, 000	242, 700	2, 910, 000	2, 729, 000	180, 800
63	(33)	5, 317, 000	5, 077, 000	240, 100	2, 889, 000	2, 710, 000	178, 900

注：平成22年から田耕地の種類別面積（普通田、特殊田）の調査を廃止した。

単位：ha

別			耕地種類別					
畑			田		畑			
小計	本地	けい畔	普通田	特殊田	普通畑	樹園地	牧草地	
(7)	(8)	(9)	(10)	(11)	(12)	(13)	(14)	
2, 692, 000	2, 614, 000	77, 700	…	…	…	…	…	(1)
2, 709, 000	2, 627, 000	81, 700	…	…	…	…	…	(2)
2, 719, 000	2, 637, 000	81, 400	…	…	…	…	…	(3)
2, 709, 000	2, 628, 000	80, 600	…	…	…	…	…	(4)
2, 690, 000	2, 610, 000	79, 600	…	…	…	…	…	(5)
2, 697, 000	2, 617, 000	79, 600	3, 383, 000	5, 410	2, 165, 000	450, 900	81, 300	(6)
2, 688, 000	2, 608, 000	80, 400	3, 388, 000	5, 260	2, 132, 000	464, 100	92, 100	(7)
2, 661, 000	2, 582, 000	79, 500	3, 393, 000	5, 650	2, 071, 000	480, 600	109, 400	(8)
2, 650, 000	2, 570, 000	79, 500	3, 386, 000	5, 960	2, 025, 000	501, 700	122, 500	(9)
2, 614, 000	2, 536, 000	78, 200	3, 385, 000	5, 850	1, 948, 000	525, 800	139, 800	(10)
2, 600, 000	2, 522, 000	77, 800	3, 390, 000	5, 670	1, 901, 000	542, 500	157, 000	(11)
2, 524, 000	2, 447, 000	76, 100	3, 410, 000	5, 270	1, 778, 000	560, 600	185, 400	(12)
2, 462, 000	2, 388, 000	73, 600	3, 430, 000	4, 890	1, 672, 000	577, 300	213, 400	(13)
2, 411, 000	2, 339, 000	71, 800	3, 436, 000	4, 970	1, 572, 000	590, 200	249, 100	(14)
2, 381, 000	2, 311, 000	70, 400	3, 410, 000	5, 350	1, 495, 000	600, 200	285, 700	(15)
2, 377, 000	2, 308, 000	69, 000	3, 358, 000	6, 150	1, 409, 000	616, 000	352, 000	(16)
2, 371, 000	2, 303, 000	68, 100	3, 306, 000	6, 560	1, 356, 000	626, 700	388, 800	(17)
2, 373, 000	2, 306, 000	67, 400	3, 267, 000	6, 780	1, 310, 000	632, 400	430, 700	(18)
2, 406, 000	2, 337, 000	68, 700	3, 203, 000	6, 570	1, 312, 000	636, 800	457, 100	(19)
2, 402, 000	2, 334, 000	67, 600	3, 165, 000	6, 320	1, 289, 000	628, 000	485, 200	(20)
2, 392, 000	2, 326, 000	66, 100	3, 139, 000	6, 040	1, 271, 000	615, 200	505, 900	(21)
2, 382, 000	2, 317, 000	65, 100	3, 127, 000	5, 810	1, 248, 000	604, 000	530, 200	(22)
2, 386, 000	2, 320, 000	65, 500	3, 101, 000	6, 610	1, 236, 000	595, 800	554, 000	(23)
2, 393, 000	2, 328, 000	65, 200	3, 075, 000	6, 760	1, 234, 000	591, 900	567, 300	(24)
2, 406, 000	2, 341, 000	64, 900	3, 049, 000	6, 910	1, 239, 000	587, 000	580, 300	(25)
2, 411, 000	2, 347, 000	64, 400	3, 025, 000	7, 020	1, 241, 000	581, 300	589, 400	(26)
2, 416, 000	2, 352, 000	64, 300	3, 003, 000	7, 170	1, 245, 000	573, 800	596, 500	(27)
2, 422, 000	2, 358, 000	63, 900	2, 982, 000	7, 150	1, 249, 000	567, 900	605, 300	(28)
2, 425, 000	2, 362, 000	63, 400	2, 964, 000	7, 050	1, 250, 000	559, 800	615, 500	(29)
2, 427, 000	2, 364, 000	62, 800	2, 946, 000	6, 840	1, 257, 000	549, 200	620, 800	(30)
2, 427, 000	2, 365, 000	62, 400	2, 925, 000	6, 830	1, 263, 000	538, 400	626, 100	(31)
2, 430, 000	2, 368, 000	61, 900	2, 904, 000	6, 820	1, 273, 000	525, 500	631, 600	(32)
2, 428, 000	2, 367, 000	61, 200	2, 883, 000	6, 810	1, 280, 000	511, 300	636, 200	(33)

イ　本地・けい畔別及び耕地種類別面積（続き）

年次		本地・けい畔 田畑計 計 (1)	本地 (2)	けい畔 (3)	田 小計 (4)	本地 (5)	けい畔 (6)
平成 元年	(34)	5, 279, 000	5, 042, 000	236, 600	2, 868, 000	2, 692, 000	176, 900
2	(35)	5, 243, 000	5, 010, 000	233, 800	2, 846, 000	2, 672, 000	174, 800
3	(36)	5, 204, 000	4, 973, 000	231, 100	2, 825, 000	2, 652, 000	172, 900
4	(37)	5, 165, 000	4, 936, 000	228, 600	2, 802, 000	2, 631, 000	171, 200
5	(38)	5, 124, 000	4, 898, 000	226, 100	2, 782, 000	2, 612, 000	169, 500
6	(39)	5, 083, 000	4, 859, 000	223, 500	2, 764, 000	2, 596, 000	168, 000
7	(40)	5, 038, 000	4, 817, 000	220, 800	2, 745, 000	2, 579, 000	166, 400
8	(41)	4, 994, 000	4, 776, 000	217, 700	2, 724, 000	2, 560, 000	164, 400
9	(42)	4, 949, 000	4, 734, 000	214, 600	2, 701, 000	2, 539, 000	162, 200
10	(43)	4, 905, 000	4, 694, 000	211, 500	2, 679, 000	2, 519, 000	160, 000
11	(44)	4, 866, 000	4, 658, 000	208, 700	2, 659, 000	2, 501, 000	158, 000
12	(45)	4, 830, 000	4, 625, 000	205, 900	2, 641, 000	2, 485, 000	156, 100
13	(46)	4, 794, 000	4, 590, 000	203, 400	2, 624, 000	2, 469, 000	154, 600
14	(47)	4, 762, 000	4, 561, 000	201, 300	2, 607, 000	2, 454, 000	153, 200
15	(48)	4, 736, 000	4, 537, 000	199, 500	2, 592, 000	2, 440, 000	151, 900
16	(49)	4, 714, 000	4, 516, 000	197, 800	2, 575, 000	2, 425, 000	150, 500
17	(50)	4, 692, 000	4, 498, 000	194, 100	2, 556, 000	2, 410, 000	146, 400
18	(51)	4, 671, 000	4, 479, 000	192, 200	2, 543, 000	2, 398, 000	144, 700
19	(52)	4, 650, 000	4, 460, 000	190, 400	2, 530, 000	2, 386, 000	143, 600
20	(53)	4, 628, 000	4, 439, 000	188, 800	2, 516, 000	2, 373, 000	142, 500
21	(54)	4, 609, 000	4, 421, 000	187, 800	2, 506, 000	2, 364, 000	142, 000
22	(55)	4, 593, 000	4, 406, 000	186, 900	2, 496, 000	2, 355, 000	141, 300
23	(56)	4, 561, 000	4, 376, 000	185, 500	2, 474, 000	2, 334, 000	140, 300
24	(57)	4, 549, 000	4, 364, 000	185, 100	2, 469, 000	2, 329, 000	140, 000
25	(58)	4, 537, 000	4, 352, 000	184, 600	2, 465, 000	2, 326, 000	139, 700
26	(59)	4, 518, 000	4, 335, 000	182, 300	2, 458, 000	2, 320, 000	137, 600
27	(60)	4, 496, 000	4, 315, 000	180, 600	2, 446, 000	2, 310, 000	136, 400
28	(61)	4, 471, 000	4, 292, 000	178, 800	2, 432, 000	2, 296, 000	135, 100
29	(62)	4, 444, 000	4, 267, 000	177, 300	2, 418, 000	2, 284, 000	133, 800
30	(63)	4, 420, 000	4, 244, 000	175, 800	2, 405, 000	2, 273, 000	132, 600
令和 元	(64)	4, 397, 000	4, 223, 000	174, 700	2, 393, 000	2, 261, 000	131, 900

単位：ha

別			耕地種類別					
畑			田		畑			
小計	本地	けい畔	普通田	特殊田	普通畑	樹園地	牧草地	
(7)	(8)	(9)	(10)	(11)	(12)	(13)	(14)	
2,410,000	2,351,000	59,700	2,862,000	6,900	1,282,000	486,500	641,500	(34)
2,397,000	2,338,000	58,900	2,840,000	6,720	1,275,000	475,100	646,600	(35)
2,380,000	2,321,000	58,200	2,818,000	6,550	1,266,000	464,400	649,300	(36)
2,362,000	2,305,000	57,400	2,796,000	6,450	1,254,000	451,400	657,100	(37)
2,343,000	2,286,000	56,600	2,775,000	6,300	1,243,000	439,100	660,700	(38)
2,318,000	2,263,000	55,500	2,758,000	6,060	1,234,000	422,600	661,400	(39)
2,293,000	2,239,000	54,400	2,739,000	5,930	1,225,000	407,600	660,700	(40)
2,269,000	2,216,000	53,400	2,719,000	5,760	1,219,000	392,400	658,100	(41)
2,248,000	2,195,000	52,400	2,696,000	5,620	1,214,000	379,900	654,000	(42)
2,226,000	2,174,000	51,600	2,674,000	5,580	1,206,000	370,300	650,100	(43)
2,207,000	2,156,000	50,700	2,654,000	5,470	1,197,000	362,700	647,600	(44)
2,189,000	2,139,000	49,800	2,636,000	5,380	1,188,000	356,400	644,700	(45)
2,170,000	2,121,000	48,900	2,618,000	5,300	1,179,000	349,300	641,400	(46)
2,156,000	2,108,000	48,100	2,602,000	5,120	1,172,000	343,700	640,000	(47)
2,144,000	2,097,000	47,600	2,587,000	5,050	1,168,000	339,200	636,900	(48)
2,139,000	2,091,000	47,300	2,570,000	4,930	1,169,000	335,000	634,500	(49)
2,136,000	2,088,000	47,700	2,551,000	4,880	1,173,000	332,300	630,600	(50)
2,128,000	2,081,000	47,400	2,538,000	4,820	1,173,000	328,300	627,400	(51)
2,120,000	2,073,000	46,800	2,525,000	4,810	1,172,000	323,900	624,000	(52)
2,112,000	2,066,000	46,200	2,511,000	4,790	1,171,000	319,700	621,300	(53)
2,103,000	2,057,000	45,900	2,501,000	4,770	1,169,000	314,700	618,800	(54)
2,097,000	2,051,000	45,600	…	…	1,169,000	310,600	616,700	(55)
2,087,000	2,042,000	45,300	…	…	1,165,000	306,700	615,200	(56)
2,080,000	2,035,000	45,200	…	…	1,164,000	303,200	613,300	(57)
2,072,000	2,027,000	44,900	…	…	1,161,000	299,500	611,100	(58)
2,060,000	2,015,000	44,600	…	…	1,157,000	295,600	607,800	(59)
2,050,000	2,005,000	44,200	…	…	1,152,000	291,400	606,500	(60)
2,039,000	1,995,000	43,700	…	…	1,149,000	287,100	603,400	(61)
2,026,000	1,982,000	43,500	…	…	1,142,000	282,700	601,000	(62)
2,014,000	1,971,000	43,200	…	…	1,138,000	277,600	598,600	(63)
2,004,000	**1,961,000**	**42,800**	…	…	**1,134,000**	**273,100**	**596,800**	(64)

(2) 耕地の拡張・かい廃面積
ア 田畑計

年次		拡張					
		計	開墾	干拓・埋立て	復旧	計	自然災害
		(1)	(2)	(3)	(4)	(5)	(6)
昭和 31 年	(1)	35,500	30,100	800	4,580	15,100	3,750
32	(2)	30,300	26,100	1,150	3,010	15,700	3,060
33	(3)	22,400	19,400	443	2,600	17,600	1,870
34	(4)	26,700	15,200	558	10,900	29,200	12,500
35	(5)	29,300	18,700	664	9,910	34,300	10,500
36	(6)	27,400	20,300	950	6,190	36,100	8,720
37	(7)	25,700	20,000	374	5,320	34,000	4,580
38	(8)	26,200	22,100	1,470	2,640	48,600	2,080
39	(9)	30,900	28,300	791	1,780	49,400	2,040
40	(10)	33,600	30,700	817	2,040	70,100	1,110
41	(11)	42,400	38,500	1,290	2,600	49,600	3,230
42	(12)	50,600	45,300	2,050	3,290	85,800	2,670
43	(13)	54,500	47,400	1,680	5,400	80,100	5,640
44	(14)	53,100	47,200	2,800	3,070	94,400	3,450
45	(15)	49,900	43,800	3,590	2,480	103,000	2,020
46	(16)	56,200	52,500	2,470	1,220	112,500	1,450
47	(17)	41,900	37,900	782	3,210	99,400	8,830
48	(18)	51,700	47,200	643	3,890	88,200	1,160
49	(19)	35,700	34,000	510	1,140	110,500	1,890
50	(20)	46,200	41,000	3,860	1,360	89,100	457
51	(21)	45,400	42,700	963	1,690	80,800	1,890
52	(22)	38,600	37,000	292	1,330	60,300	1,450
53	(23)	33,700	32,600	93	1,030	57,000	1,060
54	(24)	32,500	31,900	205	351	50,400	337
55	(25)	31,900	30,900	566	395	45,000	476
56	(26)	25,100	24,700	197	234	43,800	308
57	(27)	22,000	21,300	513	178	39,800	958
58	(28)	23,300	22,200	120	989	37,300	1,890
59	(29)	21,000	19,600	78	1,280	35,500	1,140
60	(30)	19,000	18,300	228	454	36,300	252
61	(31)	17,700	17,200	193	299	38,500	66
62	(32)	18,500	18,100	164	256	37,000	212
63	(33)	17,900	17,500	245	145	40,900	422

注：1　田畑計には、田畑転換の数値は計上していない。これは、田畑転換が耕地内の田から畑、畑から田への転換であるため、田畑計の実質的な拡張及びかい廃面積とはならないからである。

2　昭和31年から昭和38年までのかい廃要因は、「自然災害」、「人為かい廃」のみである。また、昭和39年から昭和43年までの人為かい廃要因の「植林」及び「その他」は、それぞれ区分されていない。

3　昭和46年以前の拡張・かい廃面積は、耕地面積とは別に調査していたので、耕地面積の年次差とは必ずしも一致しない。

単位：ha

か	い	廃						
	人	為	か	い	廃			
小　　計	工場用地	道路・鉄道用地	宅　地　等	農林道等	植　　林	そ　の　他	荒廃農地	
(7)	(8)	(9)	(10)	(11)	(12)	(13)	(14)	
11,300	…	…	…	…	…	…	…	(1)
12,600	…	…	…	…	…	…	…	(2)
15,700	…	…	…	…	…	…	…	(3)
16,700	…	…	…	…	…	…	…	(4)
23,800	…	…	…	…	…	…	…	(5)
27,400	…	…	…	…	…	…	…	(6)
29,400	…	…	…	…	…	…	…	(7)
46,500	…	…	…	…	…	…	…	(8)
47,400	6,910	3,150	18,300	2,320	…	16,700	…	(9)
69,000	5,780	3,200	22,200	2,100	…	35,700	…	(10)
46,400	3,970	3,740	18,800	1,790	…	18,100	…	(11)
83,100	5,070	4,410	24,900	2,290	…	46,400	…	(12)
74,500	5,970	3,540	23,600	1,790	…	39,600	…	(13)
90,900	8,070	4,390	29,400	1,860	15,800	31,400	…	(14)
101,000	9,670	4,420	37,900	2,220	15,800	31,000	…	(15)
111,000	9,180	5,540	35,500	3,240	24,900	32,600	…	(16)
90,600	8,180	5,740	33,500	3,800	19,100	20,300	…	(17)
87,000	8,560	6,190	33,900	3,840	15,400	19,100	…	(18)
108,600	8,290	4,710	28,900	3,510	12,300	50,900	…	(19)
88,600	4,580	4,190	20,400	2,840	8,750	47,800	…	(20)
78,900	3,800	3,730	19,300	2,370	6,850	42,800	…	(21)
58,800	3,340	3,170	16,200	2,480	5,250	28,400	…	(22)
55,900	2,610	3,560	17,700	2,920	5,340	23,800	…	(23)
50,100	2,530	3,460	17,000	3,220	4,670	19,200	…	(24)
44,500	2,730	3,490	15,800	2,640	4,450	15,400	…	(25)
43,500	2,840	3,440	15,700	2,610	4,080	14,800	…	(26)
38,800	2,500	3,250	13,500	2,210	3,670	13,700	…	(27)
35,400	2,220	2,920	13,200	1,800	3,160	12,100	…	(28)
34,400	2,230	2,990	12,000	1,630	2,920	12,600	…	(29)
36,000	2,380	3,020	11,400	1,620	2,940	14,600	…	(30)
38,400	2,610	2,940	12,200	1,720	2,600	16,300	…	(31)
36,800	2,750	2,820	11,700	1,380	2,400	15,700	…	(32)
40,500	2,940	2,780	12,500	1,440	2,400	18,400	…	(33)

注：4　人為かい廃面積のその他のうち荒廃農地については、平成５年から調査を行っている。なお、平成５年から平成８年までは田畑計のみの公表のため、田畑別の累年統計については平成９年からの掲載となる。また、平成５年から平成24年までは耕作放棄として公表してきた。

5　平成16年及び平成17年は、母集団である単位区の状況が単位区編成時に比べ大きく変化している地帯を重点的に、一筆（けい畔等で区切られた一枚のほ場）ごとに田畑別の地目と面積の現地確認等を行った。これにより、変化が明らかになった面積を拡張・かい廃面積の計に含めたため、拡張・かい廃面積の計とその内訳の要因別面積積上げ値は統計数値の四捨五入以外の理由により一致しない。

6　平成29年から拡張・かい廃面積の要因別（荒廃農地を除く。）の調査を廃止した。

ア 田畑計（続き）

年 次		拡 張 計	開 墾	干拓・埋立て	復 旧	計	自然災害
		(1)	(2)	(3)	(4)	(5)	(6)
平成 元年	(34)	14,300	13,900	167	299	52,600	156
2	(35)	11,700	11,100	460	223	47,100	1,050
3	(36)	8,160	7,510	28	628	47,000	315
4	(37)	7,580	7,250	112	225	47,500	117
5	(38)	7,050	6,380	25	640	47,200	1,530
6	(39)	7,150	5,190	49	1,920	48,700	1,470
7	(40)	5,700	4,570	42	1,080	50,300	1,110
8	(41)	3,440	3,270	5	167	47,900	81
9	(42)	3,120	3,040	0	74	47,800	121
10	(43)	2,570	2,440	12	118	46,400	53
11	(44)	4,180	2,220	0	1,960	43,100	2,530
12	(45)	3,800	2,350	104	1,350	39,700	974
13	(46)	1,810	1,710	−	100	38,500	322
14	(47)	1,930	1,730	−	192	33,200	189
15	(48)	1,860	1,750	−	115	28,100	30
16	(49)	4,990	2,190	−	1,130	27,100	1,380
17	(50)	5,230	2,230	−	399	27,500	2,640
18	(51)	3,910	2,110	−	1,800	24,300	52
19	(52)	2,350	1,760	−	586	23,700	56
20	(53)	2,010	1,230	672	111	23,900	23
21	(54)	1,570	1,530	−	46	21,200	49
22	(55)	1,740	1,690	−	43	17,700	186
23	(56)	1,900	1,790	−	115	33,400	16,800
24	(57)	5,620	1,780	−	3,840	17,400	1,400
25	(58)	7,140	2,970	−	4,170	19,800	1
26	(59)	6,930	3,740	−	3,190	26,200	335
27	(60)	4,380	2,770	−	1,620	25,900	82
28	(61)	4,530	3,680	−	849	29,900	1,430
29	(62)	6,060	…	…	…	32,500	…
30	(63)	9,230	…	…	…	33,700	…
令和 元	(64)	9,240	…	…	…	31,700	…

単位：ha

かい廃								
人為かい廃								
小計	工場用地	道路・鉄道用地	宅地等	農林道等	植林	その他	荒廃農地	
(7)	(8)	(9)	(10)	(11)	(12)	(13)	(14)	
52,500	3,570	3,060	13,700	1,430	4,810	25,900	…	(34)
46,000	4,360	3,260	15,300	1,500	3,380	18,200	…	(35)
46,700	4,630	3,180	16,000	1,370	2,940	18,600	…	(36)
47,400	5,090	3,200	16,700	1,430	2,190	18,700	…	(37)
45,700	3,910	3,530	15,200	1,190	1,790	20,000	18,400	(38)
47,300	3,300	3,390	15,300	1,250	1,680	22,300	21,100	(39)
49,200	2,970	2,910	15,400	1,220	1,520	25,100	23,900	(40)
47,800	2,760	2,920	15,600	1,000	1,510	23,900	22,500	(41)
47,700	2,640	3,480	14,700	1,060	1,420	24,400	23,100	(42)
46,400	2,460	3,390	13,300	1,340	1,470	24,400	23,200	(43)
40,500	2,040	3,110	11,600	1,110	1,370	21,300	20,000	(44)
38,700	1,880	2,480	11,300	956	1,350	20,800	19,500	(45)
38,200	1,560	2,620	9,750	984	1,110	22,200	21,000	(46)
33,100	1,330	2,480	9,000	842	1,130	18,300	17,000	(47)
28,100	1,140	2,080	7,970	823	768	15,300	14,300	(48)
24,500	1,090	1,810	7,600	812	688	12,500	11,400	(49)
24,300	1,170	1,340	7,250	773	742	13,000	11,100	(50)
24,200	1,140	1,490	7,880	768	626	12,300	11,400	(51)
23,700	1,370	1,450	8,390	554	604	11,300	10,400	(52)
23,800	1,420	1,110	9,380	547	618	10,800	9,760	(53)
21,100	906	1,180	6,980	454	470	11,100	9,770	(54)
17,500	603	1,220	6,160	476	407	8,660	7,790	(55)
16,600	740	856	5,400	412	475	8,720	7,870	(56)
16,000	647	832	5,640	352	394	8,110	6,940	(57)
19,800	963	949	6,470	460	415	10,500	9,530	(58)
25,800	1,990	954	6,950	519	482	14,900	13,000	(59)
25,900	2,680	975	6,510	497	384	14,800	13,500	(60)
28,500	2,480	710	6,670	552	456	17,600	16,200	(61)
…	…	…	…	…	…	…	19,300	(62)
…	…	…	…	…	…	…	14,500	(63)
…	…	…	…	…	…	…	13,200	(64)

イ 田

年次		拡		張			
	計	開墾	干拓・埋立て	復旧	田畑転換	計	自然災害
	(1)	(2)	(3)	(4)	(5)	(6)	(7)
昭和 31年 (1)	20,500	2,990	560	2,140	14,800	8,810	2,260
32 (2)	15,400	3,070	1,010	1,680	9,600	7,860	1,970
33 (3)	12,500	2,520	350	1,770	7,890	7,620	1,340
34 (4)	25,400	2,010	470	8,200	14,700	16,000	9,180
35 (5)	29,800	3,510	580	7,620	18,100	17,500	8,050
36 (6)	20,000	2,860	590	4,330	12,200	19,700	6,220
37 (7)	15,600	2,570	300	4,400	8,300	18,400	3,650
38 (8)	17,600	3,300	1,400	1,790	11,100	19,100	1,650
39 (9)	16,200	3,420	720	1,190	10,800	22,700	1,630
40 (10)	22,900	3,540	793	1,540	17,000	25,500	911
41 (11)	25,000	6,680	1,280	1,880	15,200	22,000	2,450
42 (12)	45,800	10,900	1,990	1,870	31,000	28,700	1,990
43 (13)	47,800	10,800	1,670	4,860	30,500	28,900	5,050
44 (14)	39,700	10,500	2,780	2,760	23,600	34,000	3,010
45 (15)	20,500	7,130	3,380	1,330	8,650	45,400	1,910
46 (16)	10,300	2,520	2,450	1,040	4,240	61,800	1,030
47 (17)	8,750	1,540	763	2,740	3,710	60,800	7,130
48 (18)	10,500	2,420	585	3,130	4,370	48,600	802
49 (19)	7,820	1,610	433	944	4,830	74,000	1,480
50 (20)	15,400	4,800	3,730	1,220	5,630	54,100	370
51 (21)	19,300	7,210	963	1,430	9,700	45,100	1,620
52 (22)	16,400	7,050	99	912	8,370	28,300	852
53 (23)	2,490	868	2	562	1,060	28,600	693
54 (24)	1,040	513	45	320	165	26,900	224
55 (25)	827	150	205	275	197	27,000	370
56 (26)	679	170	26	217	266	24,900	285
57 (27)	317	128	–	155	34	22,300	636
58 (28)	896	101	6	758	31	21,100	1,540
59 (29)	979	89	6	841	43	18,900	709
60 (30)	1,080	91	2	411	578	20,300	209
61 (31)	497	118	0	246	133	21,100	36
62 (32)	310	64	0	215	31	21,900	166
63 (33)	176	38	0	116	22	21,000	334

注：1　昭和31年から昭和38年までのかい廃要因は、「自然災害」、「人為かい廃」のみである。また、昭和39年から昭和43年までの人為かい廃要因の「植林」及び「その他」は、それぞれ区分されていない。

2　昭和46年以前の拡張・かい廃面積は、耕地面積とは別に調査していたので、耕地面積の年次差とは必ずしも一致しない。

3　人為かい廃面積のその他のうち荒廃農地については、平成５年から平成８年までは田畑計のみの公表のため、田畑別の累年統計については平成９年からの掲載なる。また、平成５年から平成24年までは耕作放棄として公表してきた。

単位：ha

かい廃									
	人為かい廃							田畑転換	
小計	工場用地	道路・鉄道用地	宅地等	農林道等	植林	その他	荒廃農地		
(8)	(9)	(10)	(11)	(12)	(13)	(14)	(15)	(16)	
4,370	…	…	…	…	…	…	…	2,180	(1)
4,590	…	…	…	…	…	…	…	1,300	(2)
5,350	…	…	…	…	…	…	…	930	(3)
5,290	…	…	…	…	…	…	…	1,540	(4)
8,000	…	…	…	…	…	…	…	1,460	(5)
11,900	…	…	…	…	…	…	…	1,590	(6)
13,000	…	…	…	…	…	…	…	1,780	(7)
14,400	…	…	…	…	…	…	…	3,010	(8)
18,200	4,210	1,710	9,060	1,170	…	2,020	…	2,920	(9)
21,300	3,300	1,890	10,300	908	…	4,970	…	3,310	(10)
17,700	2,290	2,220	8,940	794	…	3,440	…	1,870	(11)
24,800	2,940	2,170	11,100	779	…	7,710	…	1,990	(12)
22,400	3,370	2,050	10,900	752	…	5,340	…	1,520	(13)
28,500	4,610	2,310	13,800	1,060	1,400	5,290	…	2,450	(14)
39,000	5,730	2,730	19,000	1,210	3,460	6,950	…	4,480	(15)
45,500	5,520	3,700	18,300	1,750	9,620	6,560	…	15,300	(16)
43,000	4,740	3,560	18,000	2,660	9,530	4,530	…	10,700	(17)
40,500	5,500	4,200	18,200	2,390	6,000	4,240	…	7,330	(18)
66,600	5,240	3,220	16,300	2,320	4,620	34,900	…	5,910	(19)
48,800	2,920	2,900	11,200	1,860	3,500	26,400	…	4,900	(20)
37,700	2,320	2,330	9,920	1,490	2,510	19,100	…	5,820	(21)
23,800	1,960	1,840	8,140	1,330	1,590	8,890	…	3,660	(22)
22,300	1,460	2,100	9,000	1,670	2,020	5,970		5,040	(23)
22,400	1,410	2,260	8,890	2,260	2,120	5,500	…	4,320	(24)
20,300	1,470	2,090	8,210	1,710	1,780	4,990	…	6,290	(25)
19,900	1,750	2,120	8,210	1,760	1,610	4,460	…	4,750	(26)
17,200	1,350	2,030	6,930	1,510	1,320	4,060	…	4,480	(27)
16,200	1,250	1,860	6,850	1,210	1,210	3,780	…	3,330	(28)
14,700	1,240	1,760	6,110	995	1,030	3,540	…	3,530	(29)
14,900	1,370	1,810	5,690	1,000	990	3,990	…	5,210	(30)
16,000	1,300	1,760	6,270	1,010	885	4,810	…	5,030	(31)
15,000	1,580	1,720	6,000	742	898	4,020	…	6,710	(32)
14,900	1,510	1,590	6,430	757	806	3,770	…	5,760	(33)

注：4　平成16年及び平成17年は、母集団である単位区の状況が単位区編成時に比べ大きく変化している地帯を重点的に、一筆（けい畔等で区切られた一枚のほ場）ごとに田畑別の地目と面積の現地確認等を行った。これにより、変化が明らかになった面積を拡張・かい廃面積の計に含めたため、拡張・かい廃面積の計とその内訳の要因別面積積上げ値は統計数値の四捨五入以外の理由により一致しない。

5　平成29年から拡張・かい廃面積の要因別（荒廃農地を除く。）の調査を廃止した。

（注１から注５まで、以下ウの統計表において同じ。）

イ 田（続き）

年次			拡		張			
		計	開墾	干拓・埋立て	復旧	田畑転換	計	自然災害
		(1)	(2)	(3)	(4)	(5)	(6)	(7)
平成 元年	(34)	299	89	0	195	15	21,000	91
2	(35)	225	13	3	193	16	22,200	904
3	(36)	561	19	-	528	14	22,100	185
4	(37)	684	55	-	222	407	23,200	84
5	(38)	1,110	135	-	354	625	21,800	970
6	(39)	2,850	322	-	1,640	888	20,200	1,300
7	(40)	1,250	42	8	1,040	168	20,400	1,080
8	(41)	308	19	3	135	151	21,100	74
9	(42)	203	48	-	68	87	23,100	103
10	(43)	232	3	0	102	127	22,500	47
11	(44)	1,990	6	-	1,900	91	21,900	2,420
12	(45)	1,420	9	-	1,320	93	19,400	912
13	(46)	199	22	-	72	105	18,000	56
14	(47)	290	6	-	141	143	17,100	172
15	(48)	353	5	-	96	252	15,100	26
16	(49)	588	13	-	507	68	17,300	689
17	(50)	464	1	-	260	203	19,800	2,560
18	(51)	1,770	33	-	1,660	80	14,800	41
19	(52)	643	42	-	568	33	13,700	44
20	(53)	214	79	-	100	35	14,200	18
21	(54)	116	40	-	45	31	10,300	41
22	(55)	152	120	-	30	2	9,750	181
23	(56)	244	131	-	106	7	22,500	14,500
24	(57)	3,860	191	-	3,670	5	8,640	1,260
25	(58)	4,290	620	-	3,670	5	8,140	0
26	(59)	3,990	1,240	-	2,730	23	11,500	306
27	(60)	2,040	834	-	1,180	23	13,300	75
28	(61)	1,690	1,210	-	474	12	16,500	1,370
29	(62)	3,340	…	…	…	…	16,600	…
30	(63)	3,990	…	…	…	…	17,000	…
令和 元	(64)	4,040	…	…	…	…	15,900	…

単位：ha

かい廃									
人為かい廃								田畑転換	
小計	工場用地	道路・鉄道用地	宅地等	農林道等	植林	その他	荒廃農地		
(8)	(9)	(10)	(11)	(12)	(13)	(14)	(15)	(16)	
16,900	2,030	1,900	7,140	897	839	4,110	…	3,960	(34)
18,000	2,460	1,840	7,830	870	916	4,070	…	3,350	(35)
18,700	2,730	1,720	8,070	816	827	4,530	…	3,240	(36)
20,100	3,050	1,850	8,740	867	748	4,870	…	3,010	(37)
18,700	2,460	2,130	8,050	622	603	4,810	…	2,120	(38)
17,100	1,850	2,110	7,780	705	544	4,070	…	1,890	(39)
17,300	1,870	1,730	7,880	667	465	4,670	…	2,040	(40)
18,900	1,730	1,910	8,780	535	465	5,450	…	2,180	(41)
19,800	1,580	2,280	8,240	592	469	6,640	5,970	3,150	(42)
19,000	1,540	2,270	7,390	852	463	6,450	5,710	3,460	(43)
16,200	1,260	1,790	6,550	601	433	5,570	4,940	3,270	(44)
15,200	1,010	1,460	6,530	515	409	5,230	4,550	3,350	(45)
14,700	926	1,730	5,590	484	315	5,700	5,120	3,150	(46)
13,400	824	1,640	5,180	416	338	5,010	4,410	3,550	(47)
11,400	699	1,510	4,540	417	232	3,950	3,430	3,730	(48)
10,600	655	1,230	4,370	258	220	3,890	3,230	4,760	(49)
10,800	691	938	4,120	271	172	4,620	3,020	5,840	(50)
10,100	695	966	4,450	307	188	3,510	3,010	4,690	(51)
10,100	782	906	4,610	190	197	3,420	3,000	3,560	(52)
11,300	930	692	5,340	154	203	3,990	3,460	2,850	(53)
8,040	561	737	3,530	162	154	2,890	2,180	2,260	(54)
7,170	342	717	2,900	125	140	2,950	2,500	2,390	(55)
6,070	397	460	2,520	126	136	2,430	2,080	1,990	(56)
6,160	378	515	2,910	95	113	2,150	1,730	1,220	(57)
7,110	479	483	3,210	117	120	2,710	2,370	1,030	(58)
10,300	864	570	3,390	183	129	5,180	4,140	926	(59)
11,900	1,090	596	3,300	160	99	6,640	5,930	1,340	(60)
13,300	1,170	444	3,470	200	124	7,890	7,010	1,850	(61)
…	…	…	…	…	…	…	8,860	…	(62)
…	…	…	…	…	…	…	6,150	…	(63)
…	…	…	…	…	…	…	5,330	…	(64)

ウ 畑

年次			拡張 計	開墾	干拓・埋立て	復旧	田畑転換	計	自然災害
			(1)	(2)	(3)	(4)	(5)	(6)	(7)
昭和	31年	(1)	31,900	27,100	240	2,440	2,180	23,300	1,490
	32	(2)	25,800	23,000	140	1,330	1,300	18,700	1,090
	33	(3)	18,800	16,900	93	830	1,000	18,600	530
	34	(4)	16,800	13,200	88	2,670	800	30,300	3,290
	35	(5)	19,000	15,200	84	2,290	1,460	36,400	2,450
	36	(6)	21,200	17,400	360	1,860	1,590	30,200	2,500
	37	(7)	20,200	17,400	74	920	1,780	25,600	930
	38	(8)	22,700	18,800	73	850	3,010	43,600	430
	39	(9)	28,400	24,900	71	590	2,920	40,500	410
	40	(10)	31,000	27,200	24	498	3,300	64,800	198
	41	(11)	34,400	31,800	6	719	1,870	44,700	779
	42	(12)	37,900	34,400	62	1,420	1,990	90,200	676
	43	(13)	38,700	36,600	10	538	1,520	83,200	586
	44	(14)	39,500	36,700	20	313	2,450	86,500	442
	45	(15)	42,500	36,700	212	1,150	4,480	70,700	112
	46	(16)	65,500	50,000	15	176	15,300	70,200	417
	47	(17)	47,600	36,400	19	474	10,700	53,000	1,700
	48	(18)	53,000	44,800	58	764	7,330	51,200	359
	49	(19)	38,600	32,400	77	199	5,910	47,200	406
	50	(20)	41,400	36,200	131	143	4,900	45,400	87
	51	(21)	41,600	35,500	–	255	5,820	51,100	274
	52	(22)	34,200	29,900	193	413	3,660	44,100	595
	53	(23)	37,900	31,700	91	466	5,640	35,000	363
	54	(24)	35,900	31,400	160	31	4,320	27,900	113
	55	(25)	37,500	30,700	361	120	6,290	24,500	106
	56	(26)	29,400	24,500	171	17	4,750	23,800	23
	57	(27)	26,200	21,200	513	23	4,480	22,000	322
	58	(28)	25,800	22,100	114	231	3,330	19,600	349
	59	(29)	23,500	19,500	72	439	3,530	20,200	426
	60	(30)	23,700	18,200	226	43	5,210	21,700	43
	61	(31)	22,400	17,100	193	53	5,030	22,600	30
	62	(32)	24,900	18,000	164	41	6,710	21,900	46
	63	(33)	23,500	17,500	245	29	5,760	25,600	88

単位：ha

かい廃									
人為かい廃								田畑転換	
小計	工場用地	道路・鉄道用地	宅地等	農林道等	植林	その他	荒廃農地		
(8)	(9)	(10)	(11)	(12)	(13)	(14)	(15)	(16)	
6,960	…	…	…	…	…	…	…	14,800	(1)
7,960	…	…	…	…	…	…	…	9,600	(2)
10,300	…	…	…	…	…	…	…	7,800	(3)
11,400	…	…	…	…	…	…	…	15,600	(4)
15,800	…	…	…	…	…	…	…	18,100	(5)
15,500	…	…	…	…	…	…	…	12,200	(6)
16,400	…	…	…	…	…	…	…	8,300	(7)
32,100	…	…	…	…	…	…	…	11,100	(8)
29,200	2,700	1,440	9,190	1,150	…	14,700	…	10,800	(9)
47,600	2,480	1,310	11,900	1,190	…	30,700	…	17,000	(10)
28,800	1,680	1,520	9,820	998	…	14,700	…	15,200	(11)
58,400	2,130	2,240	13,800	1,510	…	38,700	…	31,000	(12)
52,100	2,600	1,490	12,700	1,040	…	34,300	…	30,500	(13)
62,400	3,460	2,080	15,600	799	14,400	26,100	…	23,600	(14)
61,900	3,940	1,690	18,900	1,010	12,300	24,000	…	8,650	(15)
65,500	3,660	1,840	17,200	1,490	15,300	26,000	…	4,240	(16)
47,600	3,440	2,180	15,500	1,140	9,580	15,800	…	3,710	(17)
46,500	3,060	1,990	15,700	1,450	9,370	14,900	…	4,370	(18)
42,000	3,050	1,490	12,600	1,190	7,660	16,000	…	4,830	(19)
39,700	1,660	1,290	9,150	978	5,250	21,400	…	5,630	(20)
41,100	1,480	1,400	9,330	880	4,340	23,700	…	9,700	(21)
35,100	1,380	1,330	8,030	1,150	3,660	19,500	…	8,370	(22)
33,600	1,160	1,370	8,700	1,250	3,320	17,800	…	1,060	(23)
27,600	1,120	1,200	8,060	964	2,550	13,700	…	165	(24)
24,200	1,260	1,400	7,570	930	2,670	10,400	…	197	(25)
23,500	1,090	1,320	7,470	852	2,470	10,300	…	266	(26)
21,600	1,150	1,220	6,530	697	2,350	9,620	…	34	(27)
19,200	970	1,060	6,340	588	1,950	8,300	…	31	(28)
19,700	993	1,230	5,880	635	1,890	9,100	…	43	(29)
21,100	1,010	1,210	5,740	623	1,950	10,600	…	578	(30)
22,400	1,310	1,190	5,960	717	1,710	11,500	…	133	(31)
21,800	1,170	1,100	5,670	641	1,500	11,700	…	31	(32)
25,500	1,430	1,190	6,020	686	1,590	14,600	…	22	(33)

ウ 畑（続き）

年次		拡張 計	開墾	干拓・埋立て	復旧	田畑転換	計	自然災害
		(1)	(2)	(3)	(4)	(5)	(6)	(7)
平成 元年	(34)	18,000	13,800	167	104	3,960	35,600	65
2	(35)	14,900	11,000	457	30	3,350	28,200	143
3	(36)	10,900	7,490	28	100	3,240	28,200	130
4	(37)	10,300	7,190	112	3	3,010	27,700	33
5	(38)	8,680	6,250	25	286	2,120	28,200	559
6	(39)	7,080	4,860	49	276	1,890	31,300	173
7	(40)	6,650	4,530	34	47	2,040	32,100	33
8	(41)	5,470	3,250	2	32	2,180	29,100	7
9	(42)	6,150	3,000	0	6	3,150	28,000	18
10	(43)	5,930	2,440	12	16	3,460	27,500	6
11	(44)	5,540	2,210	0	65	3,270	24,500	112
12	(45)	5,820	2,340	104	32	3,350	23,700	62
13	(46)	4,870	1,690	-	28	3,150	23,800	266
14	(47)	5,330	1,730	-	51	3,550	19,800	17
15	(48)	5,490	1,740	-	19	3,730	17,000	4
16	(49)	9,230	2,180	-	626	4,760	14,700	695
17	(50)	10,800	2,230	-	139	5,840	13,800	87
18	(51)	6,910	2,080	-	140	4,690	14,200	11
19	(52)	5,300	1,720	-	18	3,560	13,600	12
20	(53)	4,680	1,150	672	11	2,850	12,600	5
21	(54)	3,750	1,490	-	1	2,260	13,100	8
22	(55)	3,980	1,570	-	13	2,390	10,400	5
23	(56)	3,660	1,660	-	9	1,990	12,800	2,310
24	(57)	2,980	1,590	-	176	1,220	9,960	144
25	(58)	3,880	2,350	-	505	1,030	12,700	1
26	(59)	3,880	2,500	-	461	926	15,600	29
27	(60)	3,710	1,930	-	432	1,340	14,000	7
28	(61)	4,700	2,470	-	375	1,850	15,300	57
29	(62)	4,500	…	…	…	…	17,600	…
30	(63)	6,560	…	…	…	…	18,000	…
令和 元	(64)	6,460	…	…	…	…	17,000	…

単位：ha

かい廃									
人為かい廃								田畑転換	
小計	工場用地	道路・鉄道用地	宅地等	農林道等	植林	その他			
							荒廃農地		
(8)	(9)	(10)	(11)	(12)	(13)	(14)	(15)	(16)	
35,500	1,540	1,170	6,510	535	3,970	21,800	…	15	(34)
28,000	1,900	1,410	7,500	631	2,460	14,100	…	16	(35)
28,000	1,900	1,460	7,920	551	2,110	14,100	…	14	(36)
27,300	2,040	1,350	7,990	566	1,440	13,900	…	407	(37)
27,000	1,450	1,400	7,180	570	1,180	15,200	…	625	(38)
30,200	1,450	1,280	7,550	548	1,140	18,300	…	888	(39)
31,900	1,100	1,170	7,570	557	1,060	20,400	…	168	(40)
28,900	1,030	1,010	6,860	465	1,050	18,500	…	151	(41)
27,900	1,060	1,200	6,440	467	953	17,800	17,200	87	(42)
27,400	925	1,120	5,880	488	1,000	18,000	17,400	127	(43)
24,300	776	1,320	5,080	511	940	15,700	15,100	91	(44)
23,500	861	1,020	4,740	441	945	15,500	15,000	93	(45)
23,500	631	892	4,160	500	792	16,500	15,800	105	(46)
19,700	505	841	3,830	426	789	13,300	12,600	143	(47)
16,700	440	571	3,430	406	536	11,400	10,900	252	(48)
13,800	431	585	3,230	554	468	8,570	8,140	68	(49)
13,500	475	397	3,120	502	570	8,420	8,070	203	(50)
14,100	442	522	3,430	461	438	8,840	8,440	80	(51)
13,600	590	547	3,790	364	407	7,860	7,410	33	(52)
12,500	494	418	4,050	393	415	6,770	6,300	35	(53)
13,100	345	440	3,450	292	316	8,250	7,590	31	(54)
10,400	261	502	3,270	351	267	5,710	5,300	2	(55)
10,500	343	396	2,880	286	339	6,290	5,790	7	(56)
9,810	269	317	2,730	257	281	5,960	5,210	5	(57)
12,700	484	466	3,270	343	295	7,800	7,150	5	(58)
15,500	1,130	384	3,570	336	353	9,740	8,880	23	(59)
14,000	1,590	379	3,200	337	285	8,180	7,560	23	(60)
15,200	1,310	266	3,200	352	332	9,740	9,170	12	(61)
…	…	…	…	…	…	…	10,400	…	(62)
…	…	…	…	…	…	…	8,330	…	(63)
…	…	…	…	…	…	…	7,920	…	(64)

2 作物別作付（栽培）面積
(1) 水陸稲（子実用）

単位：ha

年次		水陸稲計	水稲	陸稲	年次		水陸稲計	水稲	陸稲
		(1)	(2)	(3)			(1)	(2)	(3)
明治	12年	2,516,000	…	…	昭和	元年	3,132,000	2,996,000	136,100
	13	2,549,000	…	…		2	3,147,000	3,013,000	134,200
	14	2,538,000	…	…		3	3,165,000	3,030,000	135,500
	15	2,571,000	…	…		4	3,184,000	3,049,000	134,500
						5	3,212,000	3,079,000	133,400
	16	2,586,000	2,565,000	20,700					
	17	2,594,000	2,551,000	42,400		6	3,222,000	3,089,000	132,900
	18	2,590,000	2,552,000	38,100		7	3,230,000	3,097,000	133,200
	19	2,606,000	2,576,000	29,800		8	3,147,000	3,022,000	124,600
	20	2,620,000	2,591,000	29,300		9	3,146,000	3,022,000	124,600
						10	3,178,000	3,044,000	133,900
	21	2,670,000	2,643,000	26,700					
	22	2,709,000	2,678,000	31,100		11	3,180,000	3,042,000	138,800
	23	2,729,000	2,694,000	34,900		12	3,190,000	3,044,000	146,300
	24	2,740,000	2,701,000	39,700		13	3,194,000	3,048,000	146,100
	25	2,738,000	2,692,000	46,100		14	3,166,000	3,016,000	150,500
						15	3,152,000	3,004,000	147,700
	26	2,752,000	2,707,000	44,700					
	27	2,714,000	2,664,000	49,400		16	3,156,000	3,011,000	144,700
	28	2,762,000	2,708,000	53,500		17	3,138,000	3,001,000	137,000
	29	2,769,000	2,713,000	56,100		18	3,084,000	2,967,000	117,300
	30	2,764,000	2,703,000	61,500		19	2,955,000	2,852,000	102,800
						20	2,869,000	2,798,000	71,000
	31	2,794,000	2,727,000	66,800					
	32	2,816,000	2,745,000	70,700		21	2,781,000	2,719,000	61,300
	33	2,805,000	2,731,000	74,200		22	2,883,000	2,811,000	72,700
	34	2,824,000	2,745,000	79,200		23	2,957,000	2,866,000	90,900
	35	2,824,000	2,740,000	83,500		24	2,987,000	2,875,000	112,100
						25	3,011,000	2,877,000	133,900
	36	2,840,000	2,755,000	85,500					
	37	2,857,000	2,775,000	82,000		26	3,016,000	2,877,000	139,200
	38	2,858,000	2,783,000	74,500		27	3,009,000	2,872,000	137,500
	39	2,875,000	2,799,000	75,800		28	3,014,000	2,866,000	148,400
	40	2,882,000	2,804,000	78,200		29	3,051,000	2,888,000	163,400
						30	3,222,000	3,045,000	177,200
	41	2,898,000	2,815,000	83,100					
	42	2,914,000	2,827,000	86,500		31	3,243,000	3,059,000	183,200
	43	2,925,000	2,834,000	91,400		32	3,239,000	3,075,000	164,000
	44	2,949,000	2,852,000	96,500		33	3,253,000	3,080,000	173,700
						34	3,288,000	3,105,000	182,800
大正	元	2,978,000	2,869,000	109,000		35	3,308,000	3,124,000	184,000
	2	3,005,000	2,886,000	118,500					
	3	3,008,000	2,886,000	122,500		36	3,301,000	3,134,000	166,700
	4	3,031,000	2,907,000	124,400		37	3,285,000	3,134,000	150,300
	5	3,046,000	2,918,000	127,600		38	3,272,000	3,133,000	139,100
						39	3,260,000	3,126,000	134,700
	6	3,058,000	2,928,000	130,200		40	3,255,000	3,123,000	132,400
	7	3,067,000	2,935,000	131,900					
	8	3,079,000	2,943,000	135,600		41	3,254,000	3,129,000	125,300
	9	3,101,000	2,960,000	140,300		42	3,263,000	3,149,000	113,600
	10	3,109,000	2,968,000	141,000		43	3,280,000	3,171,000	108,800
						44	3,274,000	3,173,000	101,300
	11	3,115,000	2,972,000	143,200		45	2,923,000	2,836,000	87,400
	12	3,121,000	2,982,000	139,500					
	13	3,116,000	2,980,000	136,700		46	2,695,000	2,626,000	68,500
	14	3,128,000	2,992,000	135,200					

注：1 四捨五入のため水稲・陸稲の計と水陸稲計とは一致しない。
2 本表の昭和29年産までの数字は農作物累年統計表・稲（農林省統計調査部編）の全国数値をhaに換算した。
3 農作物累年統計は『農商務省統計表』（明治16年から大正12年まで）及び『農林省統計表』（大正13年以降）によって作成したものである。
なお、明治15年産以前のものは『農商務省統計表』の暦年比較表により作成した。
4 明治15年産以前、明治17年産、明治18年産及び昭和19年産から昭和48年産までは沖縄県を含まない。
5 明治15年産以前は北海道を含まない。
6 水稲（青刈り面積を含む。）は、昭和47年産から調査を実施した。

単位：ha

年次	水陸稲計	水稲	陸稲	水稲（青刈り面積を含む。）	（参考）主食用作付面積
	(1)	(2)	(3)	(4)	(5)
昭和 47年	2,640,000	2,581,000	58,600	2,584,000	…
48	2,620,000	2,568,000	52,400	2,570,000	…
49	2,724,000	2,675,000	48,800	2,675,000	…
50	2,764,000	2,719,000	44,900	2,720,000	…
51	2,779,000	2,741,000	37,700	2,741,000	…
52	2,757,000	2,723,000	33,500	2,723,000	…
53	2,548,000	2,516,000	31,900	2,532,000	…
54	2,497,000	2,468,000	29,200	2,482,000	…
55	2,377,000	2,350,000	27,200	2,374,000	…
56	2,278,000	2,251,000	27,000	2,281,000	…
57	2,257,000	2,230,000	27,300	2,261,000	…
58	2,273,000	2,246,000	27,000	2,270,000	…
59	2,315,000	2,290,000	25,200	2,300,000	…
60	2,342,000	2,318,000	23,600	2,326,000	…
61	2,303,000	2,280,000	22,500	2,292,000	…
62	2,146,000	2,123,000	23,000	2,148,000	…
63	2,110,000	2,087,000	22,800	2,109,000	…
平成 元	2,097,000	2,076,000	21,600	2,093,000	…
2	2,074,000	2,055,000	18,900	2,071,000	…
3	2,049,000	2,033,000	16,100	2,046,000	…
4	2,106,000	2,092,000	13,700	2,099,000	…
5	2,139,000	2,127,000	12,400	2,131,000	…
6	2,212,000	2,200,000	12,300	2,201,000	…
7	2,118,000	2,106,000	11,600	2,110,000	…
8	1,977,000	1,967,000	9,440	1,980,000	…
9	1,953,000	1,944,000	8,600	1,950,000	…
10	1,801,000	1,793,000	8,040	1,800,000	…
11	1,788,000	1,780,000	7,470	1,786,000	…
12	1,770,000	1,763,000	7,060	1,768,000	…
13	1,706,000	1,700,000	6,380	1,711,000	…
14	1,688,000	1,683,000	5,560	1,693,000	…
15	1,665,000	1,660,000	5,010	1,670,000	…
16	1,701,000	1,697,000	4,690	1,704,000	…
17	1,706,000	1,702,000	4,470	1,709,000	…
18	1,688,000	1,684,000	4,100	1,692,000	…
19	1,673,000	1,669,000	3,640	1,678,000	…
20	1,627,000	1,624,000	3,200	1,637,000	1,596,000
21	1,624,000	1,621,000	3,000	1,637,000	1,592,000
22	1,628,000	1,625,000	2,890	1,657,000	1,580,000
23	1,576,000	1,574,000	2,370	1,632,000	1,526,000
24	1,581,000	1,579,000	2,110	1,641,000	1,524,000
25	1,599,000	1,597,000	1,720	1,647,000	1,522,000
26	1,575,000	1,573,000	1,410	1,639,000	1,474,000
27	1,506,000	1,505,000	1,160	1,623,000	1,406,000
28	1,479,000	1,478,000	944	1,611,000	1,381,000
29	1,466,000	1,465,000	813	1,600,000	1,370,000
30	1,470,000	1,470,000	750	1,592,000	1,386,000
令和 元	1,470,000	1,469,000	702	1,584,000	1,379,000

(2)　麦類（子実用）

単位：ha

年　次	４　麦　計	小　麦	二　条　大　麦	六　条　大　麦	は　だ　か　麦	（参考）大　麦
	(1)	(2)	(3)	(4)	(5)	(6)
明治　11年	1,354,000	343,900	…	…	421,100	589,300
12	1,405,000	366,400	…	…	434,800	603,300
13	1,417,000	356,900	…	…	461,900	597,700
14	1,419,000	357,700	…	…	466,100	595,500
15	1,452,000	369,900	…	…	484,000	597,900
16	1,475,000	[illegible]	…	…	483,700	605,700
17	1,478,000	388,200	…	…	492,800	596,900
18	1,523,000	394,700	…	…	524,400	603,600
19	1,574,000	399,900	…	…	537,700	636,700
20	1,578,000	387,200	…	…	570,300	620,600
21	1,608,000	401,600	…	…	580,900	625,500
22	1,643,000	433,400	…	…	580,900	628,800
23	1,690,000	454,800	…	…	590,200	644,600
24	1,702,000	423,400	…	…	633,800	644,800
25	1,725,000	431,600	…	…	645,000	648,400
26	1,732,000	433,900	…	…	649,000	649,000
27	1,739,000	438,900	…	…	656,400	643,600
28	1,759,000	444,100	…	…	666,600	648,700
29	1,752,000	439,600	…	…	666,700	646,000
30	1,735,000	454,400	…	…	646,000	634,600
31	1,792,000	461,700	…	…	675,700	654,200
32	1,788,000	461,500	…	…	675,000	651,800
33	1,782,000	464,800	…	…	678,100	639,300
34	1,801,000	483,300	…	…	674,900	642,900
35	1,790,000	480,200	…	…	669,800	640,000
36	1,784,000	466,000	…	…	665,800	652,700
37	1,785,000	454,800	…	…	684,300	646,300
38	1,802,000	449,700	…	…	688,700	664,100
39	1,799,000	439,500	…	…	695,100	664,300
40	1,783,000	440,300	…	…	689,200	653,000
41	1,768,000	445,800	…	…	682,900	638,800
42	1,757,000	447,600	…	…	684,700	624,800
43	1,757,000	471,500	…	…	670,100	615,300
44	1,751,000	495,100	…	…	661,700	593,800
大正　元	1,760,000	492,200	…	…	674,400	593,100
2	1,813,000	479,400	…	…	714,900	618,900
3	1,807,000	474,700	…	…	721,300	611,200
4	1,797,000	496,600	…	…	709,300	590,900
5	1,772,000	527,600	…	…	679,700	564,600
6	1,732,000	563,700	…	…	636,500	532,300
7	1,720,000	562,400	…	…	632,300	525,600
8	1,715,000	544,000	…	…	641,000	529,800
9	1,738,000	529,500	…	…	671,800	536,800
10	1,697,000	511,400	…	…	660,700	524,500
11	1,608,000	497,200	…	…	609,800	501,400
12	1,515,000	483,800	…	…	557,800	473,800
13	1,460,000	465,100	…	…	539,600	455,300
14	1,463,000	464,900	…	…	545,200	453,000
昭和　元	1,448,000	463,700	…	…	540,000	443,800
2	1,418,000	469,800	…	…	526,300	422,000
3	1,393,000	485,900	…	…	506,700	400,400
4	1,379,000	490,900	…	…	496,900	391,200
5	1,343,000	487,400	…	…	478,800	377,200

注：1　４麦計は、小麦、大麦（二条大麦、六条大麦）及びはだか麦の計である。
　　2　明治23年産から明治29年産まで及び明治33年産、明治34年産、明治40年産の作付面積は、後年その総数のみ訂正した。
　　3　昭和33年産以降については、二条大麦、六条大麦別に作成した。
　　4　明治22年産以前及び昭和19年産から昭和48年産までは沖縄県を含まない。
　　5　昭和31年産以前は青刈りを含む。

単位：ha

年次	4 麦 計	小 麦	二 条 大 麦	六 条 大 麦	は だ か 麦	（参考）大 麦
	(1)	(2)	(3)	(4)	(5)	(6)
昭和 6 年	1, 346, 000	497, 000	…	…	471, 400	377, 200
7	1, 357, 000	504, 500	…	…	475, 700	376, 900
8	1, 390, 000	611, 400	…	…	434, 000	344, 400
9	1, 393, 000	643, 100	…	…	420, 900	329, 000
10	1, 434, 000	658, 400	…	…	436, 100	339, 100
11	1, 457, 000	683, 200	…	…	435, 900	337, 900
12	1, 472, 000	718, 600	…	…	425, 900	327, 400
13	1, 485, 000	719, 100	…	…	411, 400	354, 600
14	1, 497, 000	739, 400	…	…	406, 300	351, 000
15	1, 574, 000	834, 200	…	…	401, 600	337, 900
16	1, 639, 000	818, 900	…	…	465, 600	354, 800
17	1, 753, 000	855, 900	…	…	504, 600	392, 300
18	1, 664, 000	803, 200	…	…	481, 200	379, 600
19	1, 758, 000	830, 500	…	…	503, 600	423, 900
20	1, 602, 000	723, 600	…	…	477, 300	400, 700
21	1, 446, 000	632, 100	…	…	445, 500	368, 200
22	1, 333, 000	578, 100	…	…	415, 900	339, 500
23	1, 727, 000	743, 200	…	…	536, 000	448, 200
24	1, 766, 000	760, 700	…	…	564, 900	440, 000
25	1, 784, 000	763, 500	…	…	591, 200	429, 200
26	1, 714, 000	735, 100	…	…	558, 700	420, 200
27	1, 651, 000	720, 700	…	…	522, 400	407, 400
28	1, 607, 000	686, 200	…	…	516, 300	404, 600
29	1, 686, 000	671, 900	…	…	567, 600	446, 500
30	1, 659, 000	663, 200	…	…	562, 000	433, 500
31	1, 639, 000	657, 600	…	…	556, 300	425, 100
32	1, 548, 000	617, 300	…	…	516, 400	413, 900
33	1, 513, 000	598, 800	63, 300	354, 500	496, 500	…
34	1, 494, 000	601, 200	77, 300	344, 600	471, 200	…
35	1, 440, 000	602, 300	82, 700	319, 300	435, 900	…
36	1, 341, 000	648, 700	95, 800	261, 500	335, 000	…
37	1, 255, 000	642, 000	113, 800	223, 300	275, 700	…
38	1, 149, 000	583, 700	124, 700	191, 900	248, 500	…
39	986, 500	508, 200	112, 100	160, 500	205, 700	…
40	898, 100	475, 900	113, 300	131, 900	177, 000	…
41	809, 100	421, 200	110, 200	115, 200	162, 500	…
42	718, 900	366, 600	112, 000	95, 200	145, 100	…
43	638, 300	322, 400	108, 300	81, 100	126, 500	…
44	569, 600	286, 500	107, 400	66, 400	109, 300	…
45	455, 000	229, 200	99, 300	46, 300	80, 200	…
46	329, 700	166, 300	82, 000	30, 700	50, 700	…
47	234, 800	113, 700	68, 000	21, 300	31, 900	…
48	154, 800	74, 900	47, 500	14, 100	18, 400	…
49	160, 200	82, 800	48, 000	12, 000	17, 500	…
50	167, 700	89, 600	49, 700	11, 100	17, 300	…
51	169, 300	89, 100	53, 200	10, 600	16, 500	…
52	163, 900	86, 000	53, 300	9, 710	14, 800	…
53	208, 000	112, 000	69, 800	11, 100	15, 200	…
54	264, 600	149, 000	83, 500	15, 400	16, 700	…
55	313, 300	191, 100	84, 900	19, 300	18, 000	…
56	346, 800	224, 400	83, 000	23, 300	16, 100	…
57	350, 700	227, 800	81, 900	26, 400	14, 700	…
58	353, 300	229, 400	83, 900	26, 500	13, 500	…
59	348, 700	231, 900	81, 500	24, 100	11, 100	…
60	346, 900	234, 000	79, 600	22, 900	10, 400	…

(2) 麦類（子実用）（続き）

単位：ha

年 次	4 麦 計	小 麦	二 条 大 麦	六 条 大 麦	は だ か 麦	（参考）大 麦
	(1)	(2)	(3)	(4)	(5)	(6)
昭和 61 年	352,800	245,500	75,700	22,100	9,550	…
62	382,600	271,100	76,100	27,000	8,370	…
63	396,000	282,000	74,200	31,100	8,580	…
平成 元	396,700	283,800	75,500	28,900	8,570	…
2	366,400	260,400	73,900	24,600	7,590	…
3	333,800	238,700	68,200	20,800	6,080	…
4	298,900	214,500	63,000	17,000	4,280	…
5	260,800	183,600	60,600	13,300	3,280	…
6	214,300	151,900	55,100	4,000	3,230	…
7	210,200	151,300	51,300	3,770	3,800	…
8	215,600	158,500	46,100	6,930	4,040	…
9	214,900	157,500	43,800	8,650	5,000	…
10	217,000	162,200	39,200	10,100	5,420	…
11	220,700	168,800	36,600	10,300	5,100	…
12	236,600	183,000	36,700	11,400	5,400	…
13	257,400	196,900	39,500	15,100	5,940	…
14	271,500	206,900	40,700	17,600	6,190	…
15	275,800	212,200	39,500	18,200	5,900	…
16	272,400	212,600	37,200	17,600	5,060	…
17	268,300	213,500	34,800	15,500	4,540	…
18	272,100	218,300	34,100	15,300	4,420	…
19	264,000	209,700	34,500	15,700	4,020	…
20	265,400	208,800	35,400	16,900	4,350	…
21	266,200	208,300	36,000	17,600	4,350	…
22	265,700	206,900	36,600	17,400	4,720	…
23	271,700	211,500	37,600	17,400	5,130	…
24	269,500	209,200	38,300	17,100	4,970	…
25	269,500	210,200	37,500	16,900	5,010	…
26	272,700	212,600	37,600	17,300	5,250	…
27	274,400	213,100	37,900	18,200	5,200	…
28	275,900	214,400	38,200	18,200	4,990	…
29	273,700	212,300	38,300	18,100	4,970	…
30	272,900	211,900	38,300	17,300	5,420	…
令和 元	273,000	211,600	38,000	17,700	5,780	…

(3) いも類

単位：ha

年次	春植えばれいしょ	秋植えばれいしょ	かんしょ	年次	春植えばれいしょ	秋植えばれいしょ	かんしょ
	(1)	(2)	(3)		(1)	(2)	(3)
明治 11年	…	…	148,200	昭和 11年	…	…	282,500
12	…	…	158,200	12	…	…	286,400
13	…	…	159,100	13	…	…	279,500
14	…	…	159,500	14	…	…	275,500
15	…	…	166,600	15	…	…	273,200
16	…	…	167,900	16	173,200	6,800	308,300
17	…	…	176,000	17	186,800	5,460	320,700
18	…	…	…	18	197,100	5,700	325,400
19	…	…	…	19	199,000	6,260	307,100
20	…	…	219,700	20	205,700	7,440	400,200
21	…	…	…	21	185,900	7,030	372,600
22	…	…	…	22	201,300	6,440	377,800
23	…	…	…	23	220,200	5,830	427,600
24	…	…	…	24	229,200	5,320	440,800
25	…	…	241,200	25	188,400	3,960	398,000
26	…	…	…	26	194,200	3,230	376,200
27	…	…	237,000	27	193,900	3,470	377,300
28	…	…	338,000	28	199,200	3,720	362,100
29	…	…	253,500	29	208,000	3,610	354,600
30	…	…	257,000	30	207,100	4,080	376,400
31	…	…	265,000	31	203,600	4,560	386,200
32	…	…	265,800	32	202,900	5,670	364,500
33	…	…	269,200	33	199,100	6,090	359,500
34	…	…	266,800	34	194,000	6,330	366,200
35	…	…	274,700	35	196,700	7,560	329,800
36	…	…	281,000	36	208,400	8,900	326,500
37	…	…	277,500	37	205,800	10,000	322,900
38	…	…	245,300	38	197,700	10,600	313,100
39	…	…	284,700	39	210,000	10,400	296,700
40	…	…	291,300	40	202,000	10,500	256,900
41	…	…	301,900	41	185,100	10,200	243,300
42	…	…	292,500	42	174,100	9,000	214,400
43	…	…	290,800	43	178,900	9,070	185,900
44	…	…	291,400	44	169,100	8,260	153,600
				45	150,600	8,240	128,700
大正 元	…	…	296,800				
2	…	…	304,800	46	147,800	7,870	107,000
3	…	…	302,500	47	144,800	7,180	91,700
4	…	…	304,800	48	140,500	6,580	73,000
5	…	…	307,000	49	131,500	6,990	67,500
				50	132,600	6,790	68,700
6	…	…	307,900				
7	…	…	311,400	51	131,000	6,610	65,600
8	…	…	317,600	52	124,900	6,470	64,400
9	…	…	316,200	53	121,600	6,510	65,000
10	…	…	300,200	54	118,800	6,290	63,900
				55	117,500	5,900	64,800
11	…	…	296,500				
12	…	…	292,700	56	119,700	5,860	65,000
13	…	…	286,400	57	121,500	5,690	65,700
14	…	…	283,400	58	122,300	5,520	64,800
				59	125,400	5,480	64,600
昭和 元	…	…	274,400	60	124,800	5,350	66,000
2	…	…	270,700				
3	…	…	268,000	61	124,700	5,360	65,000
4	…	…	250,300	62	122,200	5,330	64,000
5	…	…	259,500	63	119,400	5,200	62,900
6	…	…	262,200	平成 元	114,900	4,840	61,900
7	…	…	265,800	2	111,300	4,530	60,600
8	…	…	269,400	3	107,600	4,240	58,600
9	…	…	266,000	4	107,300	4,170	55,100
10	…	…	275,600	5	107,200	4,020	53,000

注：1　明治29年産以前及び昭和19年産から昭和48年産までは沖縄県を含まない。
　　2　平成８年産以降の春植えばれいしょ及び秋植えばれいしょは、別途刊行する『野菜生産出荷統計』を参照されたい。

(3) いも類（続き）

単位：ha

年次	春植え ばれいしょ	秋植え ばれいしょ	かんしょ
	(1)	(2)	(3)
平成 6 年	104,300	3,850	51,300
7	100,700	3,680	49,400
8	…	…	47,500
9	…	…	46,500
10	…	…	45,600
11	…	…	44,500
12	…	…	43,400
13	…	…	42,300
14	…	…	40,500
15	…	…	39,700
16	…	…	40,300
17	…	…	40,800
18	…	…	40,800
19	…	…	40,700
20	…	…	40,700
21	…	…	40,500
22	…	…	39,700
23	…	…	38,900
24	…	…	38,800
25	…	…	38,600
26	…	…	38,000
27	…	…	36,600
28	…	…	36,000
29	…	…	35,600
30	…	…	35,700
令和 元	…	…	34,300

(4) 雑穀（乾燥子実）、茶及び桑

単位：ha

年次		そば	とうもろこし	茶	桑
		(1)	(2)	(3)	(4)
明治	38年	163,100	49,000	…	…
	39	159,700	49,800	…	…
	40	165,300	50,700	…	…
	41	164,200	52,100	…	…
	42	155,900	48,700	…	…
	43	155,300	52,900	…	…
	44	149,800	53,400	…	…
大正	元	145,400	56,000	…	…
	2	150,200	58,100	…	…
	3	160,200	59,100	…	…
	4	152,900	58,000	…	…
	5	147,600	58,400	…	…
	6	141,600	55,900	…	…
	7	135,200	56,900	…	…
	8	135,600	61,400	…	…
	9	136,800	60,800	…	…
	10	130,400	61,900	…	…
	11	126,500	56,800	…	…
	12	119,000	55,000	…	…
	13	116,000	56,800	…	…
	14	113,700	55,300	…	…
昭和	元	107,500	52,100	44,100	567,000
	2	105,400	51,100	42,900	589,800
	3	100,400	48,900	42,800	604,000
	4	89,100	44,400	42,500	620,500
	5	96,300	45,500	37,800	708,200
	6	105,100	46,000	37,800	677,100
	7	103,100	45,100	38,000	647,100
	8	100,500	47,300	38,200	634,900
	9	102,900	49,400	38,600	617,800
	10	96,200	49,400	39,000	577,500
	11	95,200	50,400	39,400	561,500
	12	89,600	51,700	39,800	556,400
	13	84,000	54,600	39,800	545,000
	14	80,900	52,800	40,000	529,000
	15	83,300	56,600	40,700	529,500
	16	84,500	47,400	38,900	490,300
	17	83,800	50,700	36,100	409,200
	18	87,700	54,000	34,200	360,900
	19	73,900	50,500	31,300	302,100
	20	69,900	42,000	26,500	240,100
	21	68,700	36,100	24,400	184,700
	22	63,400	34,300	24,600	171,000
	23	62,800	35,800	25,500	…
	24	60,700	39,300	26,600	171,700
	25	68,000	42,700	27,400	174,700
	26	63,700	39,300	28,300	176,800
	27	57,000	41,200	30,000	171,900
	28	52,400	47,300	33,200	173,600
	29	50,600	46,000	35,200	180,600
	30	48,000	49,900	38,600	187,100
	31	48,700	49,500	42,300	191,200
	32	47,800	48,300	44,800	191,500
	33	47,900	49,500	46,800	189,100
	34	46,700	47,900	47,400	169,200
	35	47,300	43,500	48,500	165,700
	36	43,500	43,100	48,800	163,300
	37	39,500	42,100	49,100	161,700
	38	37,500	38,500	48,900	161,100
	39	34,700	35,600	48,700	163,700
	40	31,300	30,100	48,500	163,800
昭和	41年	28,100	26,100	48,400	161,700
	42	25,100	21,400	48,500	160,700
	43	23,800	18,000	48,900	161,800
	44	20,500	14,600	49,700	162,800
	45	18,500	11,900	51,600	163,100
	46	…	…	53,900	165,600
	47	…	…	55,500	164,100
	48	26,500	6,380	57,300	161,600
	49	23,300	5,340	58,400	158,100
	50	18,300	5,210	59,200	150,600
	51	14,700	4,200	59,600	143,400
	52	16,600	3,090	59,700	136,000
	53	25,100	2,400	60,000	129,500
	54	22,500	1,930	60,700	125,300
	55	24,200	1,760	61,000	121,200
	56	23,100	1,400	61,000	117,200
	57	23,700	1,010	61,000	113,000
	58	21,100	783	61,000	109,400
	59	19,200	744	60,800	104,800
	60	18,700	634	60,600	96,800
	61	19,600	502	60,200	88,500
	62	23,600	420	59,900	79,200
	63	25,700	332	59,600	70,400
平成	元	25,900	312	59,000	64,200
	2	27,800	317	58,500	59,500
	3	28,100	309	57,600	54,600
	4	24,200	278	56,700	48,700
	5	22,600	200	55,700	42,500
	6	20,200	169	54,500	33,900
	7	22,600	120	53,700	26,300
	8	26,500	102	52,700	19,300
	9	27,700	109	51,800	13,800
	10	34,400	94	51,200	10,300
	11	37,100	75	50,700	7,350
	12	37,400	73	50,400	5,880
	13	41,800	68	50,100	4,790
	14	41,400	…	49,700	…
	15	43,500	…	49,500	…
	16	43,500	…	49,100	…
	17	44,700	…	48,700	…
	18	44,800	…	48,500	…
	19	46,100	…	48,200	…
	20	47,300	…	48,000	…
	21	45,400	…	47,300	…
	22	47,700	…	46,800	…
	23	56,400	…	46,200	…
	24	61,000	…	45,900	…
	25	61,400	…	45,400	…
	26	59,900	…	44,800	…
	27	58,200	…	44,000	…
	28	60,600	…	43,100	…
	29	62,900	…	42,400	…
	30	63,900	…	41,500	…
令和	元	**65,400**	**…**	**40,600**	**…**

注：1　昭和19年産から昭和48年産までは沖縄県を含まない。
　　2　とうもろこし及び桑については、平成14年産から調査を廃止した。

(5)　豆類（乾燥子実）

単位：ha

年　次	大　豆 (1)	小　豆 (2)	いんげん (3)	らっかせい (4)	えんどう (5)	そらまめ (6)
明治　11 年	411, 200	…	…	…	…	…
12	438, 000	…	…	…	…	…
13	420, 200	…	…	…	…	…
14	424, 000	…	…	…	…	…
15	429, 300	…	…	…	…	…
16	437, 000	44, 200	…	…	…	…
17	439, 100	63, 800	…	…	…	…
18	…	…	…	…	…	…
19	…	…	…	…	…	…
20	462, 400	…	…	…	…	…
21	…	…	…	…	…	…
22	…	…	…	…	…	…
23	…	…	…	…	…	…
24	…	…	…	…	…	…
25	439, 800	…	…	…	…	…
26	…	…	…	…	…	…
27	432, 200	100, 600	…	…	…	…
28	427, 700	104, 800	…	…	…	…
29	437, 100	103, 100	…	…	…	…
30	432, 000	108, 400	…	…	…	…
31	478, 000	118, 300	…	…	…	…
32	451, 800	119, 700	…	…	…	…
33	453, 900	121, 800	…	…	…	…
34	470, 000	128, 100	…	…	…	…
35	462, 300	128, 200	…	…	…	…
36	461, 200	127, 400	…	…	…	…
37	443, 100	125, 000	…	…	…	…
38	454, 900	124, 700	…	5, 410	26, 200	37, 400
39	457, 100	129, 400	…	5, 730	28, 500	39, 700
40	468, 000	134, 700	…	6, 010	30, 600	40, 000
41	491, 700	138, 800	…	5, 950	29, 400	41, 300
42	475, 800	134, 100	…	6, 540	27, 900	42, 200
43	474, 200	139, 900	…	7, 040	28, 700	43, 100
44	485, 300	139, 900	…	7, 750	30, 700	43, 300
大正　元	471, 700	135, 600	…	9, 960	36, 300	43, 200
2	471, 300	139, 800	…	9, 120	43, 000	43, 600
3	460, 700	128, 900	…	9, 450	43, 600	45, 400
4	466, 900	129, 800	…	10, 000	44, 400	45, 600
5	462, 300	131, 400	…	12, 200	51, 000	47, 400
6	430, 600	122, 200	…	13, 300	89, 800	46, 700
7	428, 600	118, 800	…	12, 500	68, 500	44, 300
8	425, 900	125, 000	…	11, 800	82, 400	43, 700
9	472, 000	136, 700	…	11, 300	40, 600	44, 100
10	469, 600	150, 600	…	11, 000	28, 900	42, 800
11	442, 800	142, 500	…	10, 200	45, 300	41, 500
12	422, 200	134, 900	…	9, 340	47, 700	43, 400
13	405, 300	129, 300	…	9, 440	46, 700	43, 800
14	393, 800	128, 500	…	8, 320	40, 300	42, 300
昭和　元	387, 700	121, 400	63, 500	6, 670	41, 200	42, 300
2	379, 000	114, 200	61, 700	6, 020	50, 500	42, 200
3	369, 900	116, 000	64, 200	5, 830	57, 200	42, 500
4	344, 000	109, 600	82, 500	5, 810	52, 300	41, 600
5	346, 700	111, 400	97, 000	5, 670	38, 500	41, 200
6	350, 300	176, 300	82, 700	6, 160	46, 000	41, 400
7	341, 700	119, 100	81, 100	6, 320	54, 300	42, 400
8	323, 700	114, 000	92, 300	7, 060	55, 100	41, 100
9	336, 400	119, 500	82, 400	7, 510	56, 700	39, 300
10	332, 600	108, 900	82, 800	7, 510	62, 100	38, 300
11	326, 700	100, 300	87, 700	7, 780	54, 700	36, 200
12	328, 800	103, 400	90, 600	8, 150	45, 200	33, 100
13	326, 900	102, 100	87, 300	7, 960	36, 700	31, 300
14	321, 700	96, 600	95, 500	8, 190	35, 500	29, 100
15	324, 800	100, 400	97, 500	9, 300	31, 300	27, 200
16	298, 200	88, 700	63, 700	12, 000	10, 800	20, 800
17	308, 600	82, 600	54, 100	11, 000	6, 500	17, 900
18	301, 500	88, 800	41, 400	…	5, 440	16, 400
19	286, 500	68, 600	21, 800	…	4, 330	13, 800
20	257, 000	49, 800	16, 300	…	3, 710	11, 800

注：1　明治29年産以前及び昭和19年産から昭和48年産までは沖縄県を含まない。
　　2　（ ）内の数値は、主産県の合計値である。
　　3　えんどう及びそらまめについては、平成９年産から調査を廃止した。

単位：ha

年次	大豆	小豆	いんげん	らっかせい	えんどう	そらまめ
	(1)	(2)	(3)	(4)	(5)	(6)
昭和 21年	224,600	44,600	18,000	5,200	5,290	14,600
22	223,100	42,000	17,900	5,280	6,230	16,800
23	229,700	45,600	24,500	7,150	7,460	17,300
24	254,100	50,400	22,800	7,610	6,040	16,800
25	413,100	85,000	35,900	19,200	10,800	23,700
26	422,000	102,500	42,900	23,100	14,100	26,300
27	409,900	118,900	55,800	25,000	13,700	29,200
28	421,400	117,800	68,100	24,900	9,870	24,200
29	429,900	124,900	85,700	26,900	12,700	21,000
30	385,200	135,300	96,700	25,900	22,000	22,800
31	383,400	150,100	85,300	31,800	16,600	22,500
32	363,700	141,000	94,600	39,600	14,900	20,500
33	346,500	142,100	105,200	43,900	11,500	20,000
34	338,600	144,300	102,200	42,900	12,100	20,000
35	306,900	138,700	89,300	54,800	17,300	19,300
36	286,700	145,300	78,400	65,600	13,900	17,500
37	265,500	140,200	84,700	64,200	13,300	21,100
38	233,400	121,700	95,400	61,400	9,290	17,900
39	216,600	125,000	87,900	62,800	8,400	16,600
40	184,100	108,400	92,200	66,500	7,910	15,500
41	168,800	122,400	91,700	64,900	8,050	13,400
42	141,300	112,600	79,700	61,500	6,920	11,200
43	122,400	101,000	68,400	59,100	5,950	9,330
44	102,600	91,700	63,800	59,500	5,060	7,710
45	95,500	90,000	73,600	60,100	5,520	6,520
46	100,500	99,600	62,300	57,300	4,800	5,490
47	89,100	108,100	53,200	52,000	4,110	4,410
48	88,400	101,800	44,500	47,900	3,510	3,150
49	92,800	93,500	42,900	46,100	3,390	2,700
50	86,900	76,300	44,100	40,500	3,000	2,480
51	82,900	62,400	46,600	37,800	2,630	2,300
52	79,300	65,600	43,700	35,000	3,290	2,080
53	127,000	60,600	26,800	34,700	2,350	2,000
54	130,300	62,400	21,200	33,700	1,830	1,900
55	142,200	55,900	23,400	33,200	1,580	1,630
56	148,800	52,600	26,400	31,700	1,380	1,420
57	147,100	62,700	30,300	30,200	1,300	1,290
58	143,400	69,800	28,600	29,700	1,210	1,210
59	134,300	66,300	29,800	28,700	1,070	1,110
60	133,500	61,200	23,600	26,800	1,070	900
61	138,400	57,000	20,600	24,300	884	842
62	162,700	64,100	20,700	22,700	816	773
63	162,400	66,400	20,100	20,700	874	734
平成 元	151,600	66,700	23,800	19,000	975	673
2	145,900	66,300	22,700	18,400	588	557
3	140,800	56,200	20,200	17,100	446	495
4	109,900	50,800	17,600	16,200	(523)	(362)
5	87,400	52,600	17,200	15,400	(659)	(310)
6	60,900	52,500	19,500	14,400	602	260
7	68,600	51,200	19,600	13,800	(433)	(218)
8	81,800	48,700	18,900	13,100	(493)	(205)
9	83,200	49,000	16,300	12,400	…	…
10	109,100	46,700	13,300	11,800	…	…
11	108,200	45,400	12,400	11,300	…	…
12	122,500	43,600	12,900	10,800	…	…
13	143,900	45,700	13,300	10,300	…	…
14	149,900	42,000	14,700	9,950	…	…
15	151,900	42,000	12,800	9,530	…	…
16	136,800	42,600	11,800	9,110	…	…
17	134,000	38,300	11,200	8,990	…	…
18	142,100	32,200	10,000	8,600	…	…
19	138,300	32,700	10,400	8,310	…	…
20	147,100	32,100	10,900	8,070	…	…
21	145,400	31,700	11,200	7,870	…	…
22	137,700	30,700	11,600	7,720	…	…
23	136,700	30,600	10,200	7,440	…	…
24	131,100	30,700	9,650	7,180	…	…
25	128,800	32,300	9,120	6,970	…	…
26	131,600	32,000	9,260	6,840	…	…
27	142,000	27,300	10,200	6,700	…	…
28	150,000	21,300	8,560	6,550	…	…
29	150,200	22,700	7,150	6,420	…	…
30	146,600	23,700	7,350	6,370	…	…
令和 元	143,500	25,500	6,860	6,330	…	…

(6) 果樹

年 次		みかん	なつみかん	はっさく	いよかん	ネーブルオレンジ	その他かんきつ類	りんご	日本なし	西洋なし
		(1)	(2)	(3)	(4)	(5)	(6)	(7)	(8)	(9)
昭和 元年	(1)	33, 000	6, 540	…	…	2, 670	4, 370	9, 600	14, 700	736
2	(2)	34, 200	6, 360	…	…	2, 710	4, 500	9, 640	14, 700	690
3	(3)	33, 200	6, 380	…	…	2, 740	4, 370	9, 480	14, 700	616
4	(4)	35, 000	6, 290	…	…	2, 710	4, 390	10, 100	14, 000	600
5	(5)	36, 100	6, 350	…	…	2, 870	4, 030	10, 200	13, 900	622
6	(6)	36, 000	6, 240	…	…	2, 890	4, 050	10, 100	13, 800	618
7	(7)	37, 400	6, 320	…	…	2, 940	4, 090	9, 980	14, 100	602
8	(8)	38, 000	6, 290	…	…	3, 000	4, 120	11, 800	14, 400	621
9	(9)	39, 700	6, 520	…	…	3, 000	4, 140	12, 600	13, 700	635
10	(10)	41, 900	6, 680	…	…	3, 110	4, 240	13, 200	13, 900	697
11	(11)	43, 500	6, 820	…	…	3, 160	4, 300	14, 200	13, 400	754
12	(12)	44, 200	6, 870	…	…	3, 210	4, 380	15, 200	13, 700	859
13	(13)	44, 900	6, 960	…	…	3, 350	4, 530	15, 800	13, 300	882
14	(14)	47, 500	7, 550	…	…	3, 290	4, 640	16, 300	13, 400	957
15	(15)	55, 300	7, 030	…	…	3, 270	4, 750	17, 600	13, 200	1, 170
16	(16)	51, 900	7, 040	…	…	2, 950	5, 740	31, 800	14, 200	1, 420
17	(17)	50, 800	7, 140	…	…	2, 440	5, 650	34, 700	13, 000	1, 310
18	(18)	50, 200	…	…	…	…	…	34, 100	13, 300	…
19	(19)	50, 500	…	…	…	…	…	31, 700	11, 800	…
20	(20)	43, 900	…	…	…	…	…	30, 300	9, 010	…
21	(21)	38, 500	…	…	…	…	…	29, 800	7, 890	…
22	(22)	34, 900	…	…	…	…	…	27, 200	7, 590	…
23	(23)	34, 700	…	…	…	…	…	29, 800	7, 210	…
24	(24)	34, 200	4, 900	…	…	620	2, 880	30, 800	6, 730	615
25	(25)	35, 400	4, 920	…	…	685	2, 890	34, 000	6, 900	735
26	(26)	35, 800	5, 100	…	…	727	2, 940	35, 700	7, 270	732
27	(27)	36, 200	5, 570	…	…	741	2, 920	37, 300	7, 560	776
28	(28)	36, 600	5, 820	…	…	758	3, 020	41, 500	8, 900	778
29	(29)	38, 600	6, 140	…	…	764	3, 080	44, 400	9, 550	828
30	(30)	39, 400	6, 180	…	…	742	2, 800	47, 100	10, 900	761
31	(31)	43, 800	7, 290	…	…	725	3, 080	50, 700	13, 100	790
32	(32)	47, 300	7, 680	…	…	685	3, 590	54, 700	14, 600	790
33	(33)	49, 400	8, 300	…	…	656	3, 780	57, 200	15, 400	783
34	(34)	55, 800	8, 880	…	…	636	4, 050	60, 300	16, 200	958
35	(35)	63, 100	10, 100	…	…	638	4, 690	61, 900	17, 100	1, 140
36	(36)	71, 100	11, 400	…	…	702	5, 430	63, 500	18, 200	1, 450
37	(37)	79, 900	12, 300	…	…	718	6, 060	64, 700	18, 900	1, 660
38	(38)	89, 700	13, 200	…	…	701	6, 860	65, 300	19, 000	1, 820
39	(39)	101, 300	13, 900	…	…	699	7, 570	65, 300	19, 000	1, 910
40	(40)	115, 200	15, 000	…	…	715	8, 070	65, 600	19, 100	1, 930
41	(41)	126, 800	16, 300	…	…	708	8, 730	65, 600	19, 000	1, 940
42	(42)	139, 300	17, 300	…	…	676	9, 580	65, 200	18, 600	1, 800
43	(43)	150, 900	18, 100	…	…	744	10, 400	63, 500	18, 400	1, 690
44	(44)	158, 600	18, 400	…	…	700	11, 100	61, 200	18, 100	1, 570
45	(45)	163, 000	18, 100	4, 860	1, 130	797	11, 800	59, 600	18, 100	1, 430
46	(46)	167, 100	17, 600	5, 460	1, 280	844	12, 900	59, 000	18, 100	1, 330
47	(47)	171, 300	16, 900	6, 020	1, 360	862	13, 700	58, 200	18, 300	1, 270
48	(48)	173, 100	16, 800	6, 460	1, 650	879	14, 600	56, 900	18, 700	1, 240
49	(49)	172, 400	16, 500	6, 750	1, 800	942	15, 700	55, 000	19, 000	1, 240
50	(50)	169, 400	16, 300	6, 960	2, 120	1, 110	16, 500	53, 200	19, 100	1, 150
51	(51)	164, 000	16, 200	7, 390	2, 990	1, 580	18, 200	51, 400	19, 100	1, 110
52	(52)	158, 600	15, 900	7, 770	3, 520	1, 870	19, 300	50, 700	19, 200	994
53	(53)	153, 200	15, 700	8, 210	4, 510	2, 320	20, 900	50, 700	19, 400	937
54	(54)	147, 500	15, 600	8, 780	5, 680	3, 130	22, 900	50, 700	19, 700	886
55	(55)	139, 600	15, 600	9, 420	7, 670	3, 800	25, 900	51, 200	19, 900	851
56	(56)	132, 600	15, 200	9, 840	9, 460	4, 440	28, 500	52, 000	20, 100	783
57	(57)	125, 900	14, 600	9, 890	10, 300	4, 810	9, 670	53, 100	20, 300	743
58	(58)	120, 700	14, 100	9, 930	10, 700	4, 970	10, 200	53, 900	20, 400	726
59	(59)	116, 400	13, 500	9, 820	11, 300	5, 060	10, 400	54, 300	20, 400	716
60	(60)	112, 500	12, 800	9, 680	11, 700	5, 020	10, 700	54, 400	20, 500	715
61	(61)	108, 400	12, 100	9, 400	12, 300	4, 840	11, 000	54, 700	20, 500	709
62	(62)	105, 100	11, 500	9, 030	12, 400	4, 670	11, 200	54, 800	20, 500	737
63	(63)	101, 000	10, 800	8, 500	12, 700	4, 420	11, 400	54, 800	20, 600	803

注：1　昭和19年から昭和48年までは沖縄県を含まない。
　　2　昭和56年以前のその他かんきつ類には、はっさく及びいよかんを含む。
　　　なお、昭和45年から昭和56年までのはっさく及びいよかんについて参考表示した。
　　3　平成19年からなつみかん、はっさく、いよかん及びネーブルオレンジの個別の調査を廃止し、その他かんきつ類に含めた。

単位：ha

かき	びわ	もも	すもも	おうとう	うめ	ぶどう	くり	パインアップル	キウイフルーツ	
(10)	(11)	(12)	(13)	(14)	(15)	(16)	(17)	(18)	(19)	
30,800	3,590	9,300	…	495	13,700	8,410	…	…	…	(1)
31,400	3,590	9,080	…	525	14,000	8,110	…	…	…	(2)
32,100	3,670	8,920	…	566	14,200	8,170	…	…	…	(3)
32,600	3,930	8,870	…	590	14,200	8,580	…	…	…	(4)
33,900	4,030	8,930	…	639	14,300	8,810	…	…	…	(5)
35,000	4,140	8,790	…	672	14,600	9,200	…	…	…	(6)
36,900	4,320	8,650	…	697	14,800	9,570	…	…	…	(7)
38,200	4,410	8,640	…	744	15,000	10,000	…	…	…	(8)
40,200	4,570	8,500	…	775	15,400	10,400	…	…	…	(9)
41,400	4,770	8,370	…	791	15,700	10,500	…	…	…	(10)
43,400	4,780	8,120	…	843	16,100	10,400	…	…	…	(11)
44,800	4,940	7,960	…	859	16,300	10,300	…	…	…	(12)
45,100	4,900	7,780	…	860	16,700	9,810	…	…	…	(13)
45,800	5,060	7,800	…	856	17,000	9,420	…	…	…	(14)
45,700	5,040	7,570	…	820	17,100	8,860	…	…	…	(15)
42,900	5,010	8,630	…	1,510	17,000	7,030	11,000	…	…	(16)
42,800	4,710	8,300	…	1,480	16,900	6,600	11,500	…	…	(17)
37,800	4,430	7,390	…	…	16,100	6,100	11,900	…	…	(18)
33,100	3,930	7,070	…	…	14,800	5,810	9,780	…	…	(19)
27,600	3,480	5,370	…	…	12,500	5,020	7,340	…	…	(20)
23,900	3,020	4,630	…	…	11,700	4,270	7,340	…	…	(21)
23,800	4,110	4,410	…	…	11,200	4,340	6,730	…	…	(22)
24,600	2,810	4,390	…	…	10,200	4,270	7,210	…	…	(23)
24,800	2,780	4,320	…	318	10,200	4,150	7,590	…	…	(24)
26,100	2,820	4,740	…	341	10,100	4,480	7,810	…	…	(25)
26,500	2,690	4,950	…	336	10,100	4,750	7,950	…	…	(26)
28,000	2,760	5,750	…	388	10,700	5,480	7,570	…	…	(27)
29,700	3,000	7,160	…	435	11,400	6,360	8,780	…	…	(28)
30,200	3,130	8,280	…	456	11,400	7,430	9,180	…	…	(29)
31,100	2,780	10,200	…	737	8,270	8,240	9,850	…	…	(30)
32,700	2,910	14,000	…	876	8,370	9,010	10,100	…	…	(31)
33,800	3,030	16,300	…	878	8,260	11,000	9,930	…	…	(32)
34,000	2,980	16,900	…	944	8,070	11,900	9,840	…	…	(33)
34,400	3,010	18,100	…	1,050	8,100	13,700	9,730	…	…	(34)
35,200	3,060	19,200	…	1,080	8,330	15,200	9,960	…	…	(35)
36,700	3,110	20,100	…	1,280	8,670	17,500	11,000	…	…	(36)
37,300	3,170	20,600	…	1,410	9,140	19,400	12,300	…	…	(37)
37,500	3,180	20,700	…	1,500	9,730	20,900	16,100	…	…	(38)
37,900	3,090	21,000	…	1,580	10,600	21,700	22,600	…	…	(39)
38,300	3,020	21,000	…	1,640	11,900	22,600	27,100	…	…	(40)
38,500	2,930	21,400	…	1,690	13,400	22,900	29,800	…	…	(41)
38,400	2,770	21,600	…	1,620	14,700	23,100	33,500	…	…	(42)
37,800	2,730	21,400	…	1,630	15,300	23,100	36,100	…	…	(43)
36,900	2,640	20,800	…	1,660	15,700	23,300	37,700	…	…	(44)
35,900	2,570	20,100	…	1,720	15,900	23,300	39,000	…	…	(45)
35,400	2,520	19,500	…	2,170	16,200	24,200	40,500	…	…	(46)
34,500	2,420	18,600	…	2,560	16,400	25,500	41,700	…	…	(47)
33,400	2,370	18,100	…	2,700	16,400	26,800	43,200	…	…	(48)
32,700	2,350	17,600	…	2,790	16,300	28,200	44,200	4,610	…	(49)
31,900	2,350	17,200	…	2,880	16,300	29,200	44,300	3,600	…	(50)
30,800	2,350	16,800	…	2,880	16,000	29,600	43,600	2,960	…	(51)
29,800	2,360	16,400	…	2,830	15,600	29,900	43,300	2,800	…	(52)
29,400	2,370	16,300	…	2,850	15,500	29,900	43,200	2,830	…	(53)
29,300	2,380	16,400	…	2,820	15,800	30,300	43,800	3,000	…	(54)
29,400	2,420	16,500	2,980	2,780	15,900	30,300	44,100	3,200	…	(55)
29,500	2,460	16,600	3,050	2,720	16,000	29,900	43,800	3,330	…	(56)
29,600	2,510	16,300	3,220	2,620	16,200	29,600	43,500	2,870	…	(57)
29,700	2,510	16,100	3,330	2,600	16,400	29,300	43,300	2,470	…	(58)
29,700	2,540	15,700	3,460	2,590	16,500	28,800	42,900	2,230	…	(59)
29,800	2,580	15,300	3,650	2,630	16,800	28,400	42,200	2,260	…	(60)
29,600	2,640	15,000	3,720	2,640	16,900	28,000	41,400	2,160	3,660	(61)
29,500	2,650	14,700	3,830	2,640	17,100	27,500	40,600	1,990	4,370	(62)
29,300	2,680	14,500	3,940	2,720	17,300	27,100	39,300	1,840	4,730	(63)

(6) 果樹（続き）

年 次		みかん	なつみかん	はっさく	いよかん	ネーブルオレンジ	その他かんきつ類	りんご	日本なし	西洋なし
		(1)	(2)	(3)	(4)	(5)	(6)	(7)	(8)	(9)
平成 元 年	(64)	85,600	9,100	6,920	12,600	4,080	11,700	54,300	20,500	890
2	(65)	80,800	8,190	6,300	12,400	3,790	12,100	53,900	20,300	1,060
3	(66)	78,300	7,460	5,700	12,100	3,540	12,500	53,400	20,100	1,160
4	(67)	76,500	7,020	5,360	11,800	3,240	12,800	52,700	19,900	1,310
5	(68)	74,800	6,600	4,950	11,600	2,940	13,100	52,000	19,700	1,460
6	(69)	72,500	6,140	4,630	11,200	2,630	13,400	51,200	19,400	1,550
7	(70)	70,500	5,760	4,420	10,800	2,340	13,900	50,600	19,100	1,640
8	(71)	68,000	5,400	4,180	10,400	2,100	14,200	49,900	18,800	1,700
9	(72)	66,000	5,060	3,940	10,000	1,920	14,200	49,300	18,500	1,780
10	(73)	64,200	4,860	3,720	9,730	1,720	14,400	48,300	18,200	1,870
11	(74)	63,100	4,630	3,540	9,500	1,570	14,600	47,500	18,000	1,920
12	(75)	61,700	4,350	3,370	9,050	1,450	14,900	46,800	17,700	1,950
13	(76)	59,700	4,140	3,130	8,520	1,330	15,100	45,900	17,400	1,950
14	(77)	58,400	3,980	2,970	8,060	1,260	15,400	45,000	17,000	1,950
15	(78)	57,100	3,850	2,880	7,650	1,210	15,600	44,100	16,500	1,940
16	(79)	55,700	3,700	2,780	7,200	1,130	15,900	43,700	16,200	1,920
17	(80)	54,800	3,570	2,710	6,850	1,060	16,200	43,200	15,900	1,940
18	(81)	53,500	3,380	2,580	6,410	960	16,700	42,600	15,600	1,910
19	(82)	52,400	…	…	…	…	29,600	42,100	15,200	1,870
20	(83)	51,200	…	…	…	…	29,100	41,700	15,000	1,840
21	(84)	49,900	…	…	…	…	28,700	41,100	14,700	1,800
22	(85)	48,900	…	…	…	…	28,400	40,500	14,400	1,760
23	(86)	48,000	…	…	…	…	28,000	40,100	14,200	1,680
24	(87)	47,200	…	…	…	…	27,700	39,700	13,800	1,660
25	(88)	46,300	…	…	…	…	27,500	39,200	13,500	1,650
26	(89)	45,400	…	…	…	…	27,200	38,900	13,200	1,630
27	(90)	44,600	…	…	…	…	26,700	38,600	12,800	1,580
28	(91)	43,800	…	…	…	…	26,300	38,300	12,500	1,570
29	(92)	42,800	…	…	…	…	26,000	38,100	12,100	1,550
30	(93)	41,800	…	…	…	…	25,500	37,700	11,700	1,530
令和 元	(94)	40,800	…	…	…	…	25,100	37,400	11,400	1,510

単位：ha

かき	びわ	もも	すもも	おうとう	うめ	ぶどう	くり	パインアップル	キウイフルーツ	
(10)	(11)	(12)	(13)	(14)	(15)	(16)	(17)	(18)	(19)	
29, 500	2, 750	14, 300	4, 140	2, 870	18, 000	26, 800	38, 300	1, 800	5, 100	(64)
29, 500	2, 810	13, 900	4, 230	3, 050	18, 700	26, 300	37, 600	1, 740	5, 210	(65)
29, 300	2, 800	13, 500	4, 240	3, 250	18, 900	25, 900	36, 700	1, 640	5, 250	(66)
28, 900	2, 770	13, 300	4, 250	3, 410	19, 200	25, 500	35, 500	1, 470	4, 950	(67)
28, 600	2, 690	12, 900	4, 260	3, 570	19, 300	25, 100	34, 400	1, 380	4, 720	(68)
28, 200	2, 620	12, 500	4, 160	3, 680	19, 400	24, 500	33, 300	1, 310	4, 440	(69)
27, 800	2, 570	12, 100	4, 020	3, 850	19, 300	24, 000	32, 100	1, 210	4, 150	(70)
27, 500	2, 530	11, 900	3, 890	4, 010	19, 100	23, 400	31, 100	1, 120	3, 880	(71)
27, 100	2, 470	11, 900	3, 790	4, 080	19, 100	22, 800	30, 000	917	3, 580	(72)
26, 700	2, 420	11, 900	3, 680	4, 230	19, 000	22, 200	29, 200	788	3, 330	(73)
26, 400	2, 340	11, 800	3, 610	4, 280	19, 000	21, 800	28, 400	690	3, 140	(74)
26, 100	2, 270	11, 600	3, 550	4, 360	19, 000	21, 500	27, 800	658	3, 000	(75)
25, 700	2, 200	11, 500	3, 490	4, 450	18, 900	21, 200	27, 000	637	2, 880	(76)
25, 500	2, 110	11, 400	3, 470	4, 500	18, 800	20, 900	26, 200	592	2, 780	(77)
25, 300	2, 050	11, 300	3, 450	4, 600	18, 700	20, 600	25, 700	614	2, 720	(78)
25, 100	1, 980	11, 300	3, 400	4, 660	18, 600	20, 400	25, 200	606	2, 660	(79)
24, 800	1, 930	11, 300	3, 360	4, 800	18, 600	20, 200	24, 800	605	2, 620	(80)
24, 600	1, 820	11, 200	3, 310	4, 910	18, 700	20, 000	24, 300	613	2, 590	(81)
24, 300	1, 780	11, 200	3, 260	4, 960	18, 700	19, 800	23, 800	592	2, 570	(82)
24, 000	1, 760	11, 100	3, 240	4, 950	18, 500	19, 600	23, 300	561	2, 510	(83)
23, 600	1, 730	11, 000	3, 200	4, 900	18, 200	19, 400	22, 900	557	2, 460	(84)
23, 200	1, 690	10, 900	3, 180	4, 880	18, 000	19, 000	22, 500	537	2, 400	(85)
23, 000	1, 650	10, 800	3, 160	4, 850	17, 700	18, 800	22, 100	522	2, 370	(86)
22, 600	1, 600	10, 700	3, 150	4, 840	17, 400	18, 600	21, 700	515	2, 320	(87)
22, 300	1, 530	10, 700	3, 110	4, 840	17, 200	18, 500	21, 200	477	2, 280	(88)
21, 900	1, 490	10, 600	3, 080	4, 830	17, 000	18, 300	20, 800	493	2, 230	(89)
21, 400	1, 440	10, 600	3, 050	4, 820	16, 700	18, 100	20, 300	530	2, 180	(90)
20, 900	1, 360	10, 500	3, 010	4, 740	16, 400	18, 000	19, 800	540	2, 130	(91)
20, 300	1, 270	10, 400	3, 000	4, 700	15, 900	18, 000	19, 300	542	2, 100	(92)
19, 700	1, 190	10, 400	2, 960	4, 690	15, 600	17, 900	18, 900	565	2, 090	(93)
19, 400	1, 140	10, 300	2, 930	4, 690	15, 200	17, 800	18, 400	580	2, 050	(94)

(7) 飼肥料作物

単位：ha

年次	牧草	青刈りとうもろこし	ソルゴー	家畜用ビート	飼料用かぶ	れんげ
	(1)	(2)	(3)	(4)	(5)	(6)
昭和 35年	153,200	52,600	…	3,250	6,770	238,700
36	183,400	57,400	…	3,220	8,600	228,800
37	214,900	63,100	…	3,340	10,400	226,400
38	248,700	65,800	…	3,800	11,800	197,000
39	275,500	68,300	…	3,880	12,200	177,300
40	302,700	68,300	…	4,100	13,600	165,700
41	324,100	69,200	…	4,380	13,800	160,300
42	356,100	68,900	…	4,550	14,400	144,500
43	398,200	70,300	…	4,520	14,400	133,800
44	435,000	71,900	…	4,460	15,300	113,200
45	483,700	76,800	…	4,520	14,800	97,400
46	564,700	79,000	…	4,350	14,000	79,700
47	605,600	77,600	…	4,200	13,700	61,200
48	647,000	77,400	15,600	3,720	12,500	51,300
49	675,800	76,500	17,600	3,450	11,800	44,500
50	694,400	79,700	18,800	2,990	11,100	37,100
51	709,200	82,700	19,300	2,520	10,800	32,600
52	726,500	88,300	21,600	2,290	11,000	29,900
53	762,300	101,000	27,800	2,250	11,200	30,000
54	777,800	107,500	31,300	2,070	11,100	28,600
55	793,400	112,700	35,400	1,840	10,900	23,300
56	803,800	116,400	38,600	1,670	10,300	20,800
57	814,400	122,400	39,500	1,480	10,200	19,200
58	820,300	123,200	39,600	1,240	10,100	18,000
59	824,100	120,400	38,400	1,080	9,380	16,600
60	820,500	122,100	37,700	962	8,960	16,000
61	819,900	124,000	38,500	835	8,220	14,700
62	835,700	127,700	41,700	625	7,200	13,900
63	841,100	125,800	42,200	504	5,990	15,700
平成 元	841,700	126,000	43,000	415	5,220	17,500
2	844,800	126,500	44,300	325	4,360	18,400
3	851,800	125,200	47,300	304	3,760	20,900
4	848,000	122,700	45,700	177	3,350	23,800
5	846,800	119,200	42,500	126	2,620	22,900
6	839,600	111,300	37,700	73	2,200	17,800
7	837,100	107,800	37,000	45	1,840	16,700
8	838,300	105,600	36,500	53	1,540	17,100
9	833,200	104,000	36,000	33	1,300	20,400
10	841,400	102,200	43,100	21	1,130	26,700
11	836,300	100,200	44,900	14	997	34,500
12	826,300	97,000	45,200	9	862	32,800
13	821,300	94,100	46,000	8	793	30,600
14	817,400	92,400	45,200	…	678	29,800
15	814,300	91,200	43,000	…	557	29,200
16	802,700	88,400	38,800	…	463	27,900
17	794,700	86,300	36,000	…	389	24,300
18	787,300	85,200	34,300	…	339	21,400
19	783,100	86,700	34,000	…	…	19,300
20	778,800	91,400	33,800	…	…	17,200
21	772,900	92,800	33,300	…	…	16,000
22	767,200	92,800	31,800	…	…	15,200
23	762,900	92,700	30,400	…	…	13,500
24	760,600	92,600	29,200	…	…	12,900
25	755,700	93,000	28,500	…	…	12,400
26	749,500	92,600	26,900	…	…	11,800
27	747,200	93,000	26,200	…	…	11,500
28	744,200	94,100	25,400	…	…	10,900

注：1 昭和48年産以前は沖縄県を含まない。
2 家畜用ビートについては、平成14年産から調査を廃止した。
3 飼料用かぶについては、平成19年産から調査を廃止した。
4 飼肥料作物の牧草、青刈りとうもろこし、ソルゴー及びれんげについては、平成29年産から調査を廃止した。

(8) 飼料作物、えん麦（緑肥用）

単位：ha

年次	飼料作物計	牧草	青刈りとうもろこし	ソルゴー	えん麦（緑肥用）
	(1)	(2)	(3)	(4)	(5)
平成 15 年	929,400	798,000	90,100	21,600	…
16	914,400	788,300	87,400	20,800	…
17	905,800	782,400	85,300	20,100	…
18	898,100	777,000	84,400	19,100	…
19	897,200	773,300	86,100	19,000	…
20	901,500	769,000	90,800	18,800	…
21	901,500	764,100	92,300	18,700	…
22	911,400	759,100	92,200	17,900	…
23	933,000	755,100	92,200	17,600	…
24	931,600	750,800	92,000	17,000	…
25	915,100	745,500	92,500	16,500	…
26	924,300	739,600	91,900	15,900	…
27	975,200	737,600	92,400	15,200	…
28	988,400	735,200	93,400	14,800	…
29	985,100	728,300	94,800	14,400	43,700
30	970,300	726,000	94,600	14,000	44,700
令和 元	**961,600**	**724,400**	**94,700**	**13,300**	**41,600**

注：1 飼料作物計とは、牧草、青刈りとうもろこし、ソルゴーのほか、その他飼料作物（飼料用米等）を含めた合計である。
2 えん麦（緑肥用）の作付面積については、平成29年産から調査を開始した。

3 耕地の利用状況の推移
(1) 農作物作付（栽培）延べ面積及び耕地利用率の推移（平成28年まで）
ア 田畑計

年次		作付（栽培）延べ面積	水陸稲（子実用）	麦類（子実用）	かんしょ	雑穀（乾燥子実）	豆類（乾燥子実）	野菜
		(1)	(2)	(3)	(4)	(5)	(6)	(7)
		ha	ha	ha	ha	ha	ha	ha
昭和 30 年	(1)	8,196,000	3,222,000	1,746,000	382,900	183,300	705,000	752,200
31	(2)	8,270,000	3,243,000	1,720,000	386,200	176,000	707,000	764,700
32	(3)	8,205,000	3,239,000	1,643,000	364,500	168,600	692,600	783,600
33	(4)	8,178,000	3,253,000	1,604,000	359,500	165,600	687,000	778,600
34	(5)	8,135,000	3,288,000	1,573,000	366,200	154,300	676,700	784,100
35	(6)	8,129,000	3,308,000	1,500,000	330,800	143,700	642,400	811,600
36	(7)	8,071,000	3,301,000	1,424,000	326,500	132,900	622,600	841,700
37	(8)	8,000,000	3,285,000	1,340,000	322,900	120,700	603,800	860,700
38	(9)	7,813,000	3,272,000	1,225,000	313,100	108,400	552,300	881,500
39	(10)	7,619,000	3,260,000	1,056,000	296,700	98,200	530,100	894,400
40	(11)	7,430,000	3,255,000	960,800	256,900	83,500	485,200	893,500
41	(12)	7,312,000	3,254,000	864,200	243,300	72,300	479,000	891,300
42	(13)	7,112,000	3,263,000	765,000	214,400	61,100	422,400	865,400
43	(14)	6,979,000	3,280,000	680,000	185,900	53,400	374,800	874,100
44	(15)	6,809,000	3,274,000	603,500	153,600	43,400	339,000	850,600
45	(16)	6,311,000	2,923,000	482,800	128,700	36,500	337,700	838,100
46	(17)	6,001,000	2,695,000	359,700	107,000	33,600	336,000	837,200
47	(18)	5,812,000	2,640,000	260,100	91,700	35,000	316,300	820,900
48	(19)	5,663,000	2,620,000	175,500	73,600	36,100	294,000	792,200
49	(20)	5,752,000	2,724,000	177,100	67,500	31,100	285,300	773,100
50	(21)	5,755,000	2,764,000	181,100	68,700	25,600	257,100	764,300
51	(22)	5,730,000	2,779,000	179,400	65,600	20,300	238,300	757,300
52	(23)	5,707,000	2,757,000	172,100	64,400	21,000	232,000	755,100
53	(24)	5,656,000	2,548,000	218,800	65,000	28,600	256,400	762,200
54	(25)	5,662,000	2,497,000	271,200	63,900	25,600	254,200	754,300
55	(26)	5,706,000	2,377,000	319,700	64,800	27,200	260,900	761,500
56	(27)	5,671,000	2,278,000	351,800	65,000	26,400	265,300	766,900
57	(28)	5,663,000	2,257,000	355,100	65,700	26,200	275,700	768,500
58	(29)	5,672,000	2,273,000	357,600	64,800	23,200	276,700	765,800
59	(30)	5,676,000	2,315,000	352,600	64,600	21,000	263,800	770,600
60	(31)	5,656,000	2,342,000	350,200	66,000	20,400	249,600	763,800
61	(32)	5,606,000	2,303,000	356,100	65,000	21,100	244,200	760,400
62	(33)	5,533,000	2,146,000	385,600	64,000	25,400	274,200	759,500
63	(34)	5,490,000	2,110,000	398,500	62,900	27,600	273,300	755,700
平成 元	(35)	5,427,000	2,097,000	399,100	61,900	27,700	265,000	747,400
2	(36)	5,349,000	2,074,000	368,600	60,600	29,600	256,600	735,900
3	(37)	5,262,000	2,049,000	335,600	58,600	29,700	237,300	727,800
4	(38)	5,205,000	2,106,000	300,300	55,100	25,700	197,400	718,600
5	(39)	5,125,000	2,139,000	262,000	53,000	23,700	175,400	703,300
6	(40)	5,049,000	2,212,000	215,400	51,300	21,100	149,900	685,700
7	(41)	4,920,000	2,118,000	256,900	49,400	23,400	155,500	668,800
8	(42)	4,783,000	1,977,000	266,900	47,500	27,400	164,800	659,800
9	(43)	4,718,000	1,953,000	265,800	46,500	28,500	163,200	649,100
10	(44)	4,616,000	1,801,000	275,600	45,600	35,500	183,200	639,700
11	(45)	4,594,000	1,788,000	283,200	44,500	38,100	179,300	633,200
12	(46)	4,563,000	1,770,000	297,300	43,400	38,400	191,800	619,500
13	(47)	4,520,000	1,706,000	321,200	42,300	42,800	215,300	604,300
14	(48)	4,494,000	1,688,000	336,900	40,500	42,400	218,400	593,300
15	(49)	4,450,000	1,665,000	276,800	39,700	44,500	218,000	581,400
16	(50)	4,422,000	1,701,000	272,900	40,300	44,600	201,900	568,900
17	(51)	4,384,000	1,706,000	268,700	40,800	45,900	193,900	563,200
18	(52)	4,346,000	1,688,000	272,400	40,800	46,100	194,500	557,800
19	(53)	4,306,000	1,673,000	264,200	40,700	47,400	191,300	555,400
20	(54)	4,265,000	1,627,000	265,700	40,700	49,100	199,700	554,400
21	(55)	4,244,000	1,624,000	266,400	40,500	47,500	197,500	551,800
22	(56)	4,233,000	1,628,000	265,900	39,700	49,700	189,000	547,900
23	(57)	4,193,000	1,576,000	271,800	38,900	58,100	186,200	541,400
24	(58)	4,181,000	1,581,000	269,700	38,800	62,600	180,200	539,100
25	(59)	4,167,000	1,599,000	269,600	38,600	62,900	178,500	533,100
26	(60)	4,146,000	1,575,000	272,900	38,000	61,400	181,000	530,400
27	(61)	4,127,000	1,506,000	274,600	36,600	59,700	187,600	526,300
28	(62)	4,102,000	1,479,000	276,000	36,000	62,200	187,700	521,300

注：1 麦類（子実用）は6麦（小麦、二条大麦、六条大麦、はだか麦、えん麦、らい麦）合計面積である。ただし、平成7年から平成14年までは青刈り用等を含む総数である。
2 雑穀及び豆類は乾燥子実（未成熟との兼用を含む。）である。
3 野菜はえんどう、そらまめ、大豆、いんげん及びとうもろこしの未成熟を含む。また、ばれいしょは野菜に含めた。
4 飼肥料作物は青刈り作物を含む。ただし、平成7年から平成14年までは麦類の青刈り用を含まない。

果　樹	工芸農作物	桑	飼肥料作物	その他作物	耕地利用率	（参考）本地利用率	
(8)	(9)	(10)	(11)	(12)	(13)	(14)	
ha	ha	ha	ha	ha	%	%	
182, 100	437, 900	187, 300	398, 200	…	137. 2	…	(1)
200, 400	495, 100	191, 200	386, 400	…	137. 6	145. 0	(2)
215, 400	515, 000	191, 500	392, 600	…	135. 8	143. 2	(3)
223, 100	482, 800	189, 100	435, 300	…	134. 9	142. 3	(4)
238, 400	439, 100	169, 200	445, 800	…	134. 0	141. 3	(5)
254, 300	446, 700	165, 700	506, 200	…	133. 9	141. 3	(6)
274, 200	449, 100	163, 300	535, 800	…	132. 6	139. 9	(7)
291, 800	437, 100	161, 700	577, 100	…	131. 6	138. 8	(8)
310, 800	402, 900	161, 100	586, 200	…	128. 9	136. 0	(9)
332, 700	389, 500	163, 700	597, 100	…	126. 1	133. 1	(10)
355, 900	364, 600	163, 800	610, 800	…	123. 8	130. 6	(11)
374, 200	342, 700	161, 700	628, 800	…	121. 9	128. 7	(12)
392, 600	325, 800	160, 700	641, 500	…	119. 8	126. 4	(13)
406, 300	294, 500	161, 800	674, 400	…	118. 3	124. 9	(14)
412, 800	279, 500	162, 800	698, 200	…	116. 4	122. 8	(15)
416, 200	256, 500	163, 100	735, 600	…	108. 9	114. 9	(16)
422, 200	246, 600	165, 600	801, 300	…	104. 5	110. 3	(17)
427, 700	242, 400	164, 100	815, 600	…	102. 3	107. 8	(18)
431, 000	238, 300	161, 600	841, 900	…	100. 3	105. 7	(19)
435, 400	239, 200	158, 100	861, 400	…	102. 4	107. 9	(20)
430, 400	241, 800	150, 600	871, 900	…	103. 3	108. 7	(21)
422, 600	240, 100	143, 400	883, 600	…	103. 5	108. 9	(22)
415, 100	248, 900	136, 000	906, 000	…	103. 5	108. 8	(23)
411, 600	256, 200	129, 500	979, 700	…	102. 9	108. 2	(24)
410, 100	258, 200	125, 300	1, 002, 000	…	103. 4	108. 7	(25)
408, 000	262, 000	121, 200	1, 034, 000	70, 200	104. 5	109. 8	(26)
404, 300	268, 800	117, 200	1, 057, 000	71, 500	104. 2	109. 4	(27)
399, 600	258, 000	113, 000	1, 071, 000	73, 000	104. 4	109. 6	(28)
395, 700	261, 300	109, 400	1, 070, 000	74, 200	104. 8	110. 0	(29)
391, 600	262, 900	104, 800	1, 055, 000	74, 800	105. 2	110. 3	(30)
387, 300	255, 500	96, 800	1, 049, 000	76, 400	105. 1	110. 3	(31)
382, 800	254, 100	88, 500	1, 053, 000	79, 400	104. 6	109. 6	(32)
378, 400	248, 400	79, 200	1, 089, 000	82, 800	103. 6	108. 6	(33)
372, 200	245, 400	70, 400	1, 091, 000	84, 800	103. 3	108. 1	(34)
353, 200	234, 500	64, 200	1, 089, 000	87, 400	102. 8	107. 6	(35)
346, 300	231, 400	59, 500	1, 096, 000	90, 100	102. 0	106. 8	(36)
340, 300	224, 700	54, 600	1, 113, 000	91, 400	101. 1	105. 8	(37)
334, 600	215, 900	48, 700	1, 111, 000	91, 500	100. 8	105. 4	(38)
328, 900	210, 900	42, 500	1, 095, 000	91, 600	100. 0	104. 6	(39)
321, 700	207, 400	33, 900	1, 060, 000	90, 900	99. 3	103. 9	(40)
314, 900	204, 600	26, 300	1, 013, 000	88, 700	97. 7	102. 1	(41)
307, 800	201, 500	19, 300	1, 021, 000	90, 600	95. 8	100. 1	(42)
301, 200	197, 100	13, 800	1, 010, 000	89, 500	95. 3	99. 7	(43)
295, 300	197, 200	10, 300	1, 038, 000	94, 700	94. 1	98. 3	(44)
290, 700	194, 300	7, 350	1, 040, 000	95, 500	94. 4	98. 6	(45)
286, 200	190, 700	5, 880	1, 026, 000	94, 000	94. 5	98. 7	(46)
280, 400	184, 800	4, 790	1, 025, 000	93, 200	94. 3	98. 5	(47)
275, 500	185, 300	…	1, 018, 000	95, 400	94. 4	98. 5	(48)
271, 600	185, 000	…	1, 072, 000	95, 800	94. 0	98. 1	(49)
267, 900	182, 900	…	1, 047, 000	93, 400	93. 8	97. 9	(50)
265, 400	178, 100	…	1, 030, 000	91, 900	93. 4	97. 5	(51)
261, 800	176, 300	…	1, 018, 000	90, 300	93. 0	97. 0	(52)
258, 400	174, 000	…	1, 012, 000	89, 400	92. 6	96. 5	(53)
254, 700	172, 300	…	1, 012, 000	88, 400	92. 2	96. 1	(54)
250, 700	169, 500	…	1, 008, 000	87, 900	92. 1	96. 0	(55)
246, 900	166, 600	…	1, 012, 000	87, 000	92. 2	96. 1	(56)
243, 500	161, 100	…	1, 030, 000	86, 100	91. 9	95. 8	(57)
240, 300	155, 100	…	1, 029, 000	85, 600	91. 9	95. 8	(58)
237, 000	152, 700	…	1, 012, 000	84, 300	91. 8	95. 7	(59)
233, 800	151, 200	…	1, 019, 000	83, 600	91. 8	95. 6	(60)
230, 200	151, 100	…	1, 072, 000	82, 200	91. 8	95. 6	(61)
226, 700	150, 400	…	1, 082, 000	80, 900	91. 7	95. 6	(62)

注：5　その他作物は、花き、花木、種苗等である。なお、平成14年から桑を含む。
　　6　作付（栽培）延べ面積は、これらの作物類別面積の合計である。また、昭和55年からその他作物を含む。
　　7　耕地（本地）利用率は、耕地（本地）面積を「100」とした作付（栽培）延べ面積の割合である。
　　8　昭和48年以前には沖縄県を含まない。
（注1から注8まで以下イ及びウの統計表において同じ）

(1) 農作物作付（栽培）延べ面積及び耕地利用率の推移（平成28年まで）（続き）
イ 田

年次		作付（栽培）延べ面積	水陸稲（子実用）	麦類（子実用）	かんしょ	雑穀（乾燥子実）	豆類（乾燥子実）	野菜
		(1)	(2)	(3)	(4)	(5)	(6)	(7)
		ha	ha	ha	ha	ha	ha	ha
昭和 42 年	(1)	3,766,000	3,149,000	303,000	321	-	6,310	96,300
43	(2)	3,766,000	3,170,000	268,000	423	307	23,700	100,700
44	(3)	3,724,000	3,172,000	243,500	384	331	20,900	101,900
45	(4)	3,363,000	2,835,000	199,300	984	964	27,200	121,000
46	(5)	3,180,000	2,625,000	152,400	1,980	4,230	49,300	148,800
47	(6)	3,091,000	2,580,000	115,200	1,770	9,210	56,200	141,000
48	(7)	3,021,000	2,568,000	72,300	1,500	12,500	56,000	137,000
49	(8)	3,112,000	2,675,000	81,000	1,330	8,510	55,900	129,800
50	(9)	3,122,000	2,719,000	86,100	1,370	5,890	41,900	125,800
51	(10)	3,122,000	2,741,000	90,300	1,450	4,090	27,500	124,400
52	(11)	3,113,000	2,723,000	87,900	1,410	5,900	32,900	127,200
53	(12)	3,074,000	2,516,000	130,000	2,130	15,600	79,000	141,200
54	(13)	3,080,000	2,468,000	171,300	2,170	14,100	84,200	146,100
55	(14)	3,067,000	2,350,000	209,400	2,510	16,100	98,300	155,000
56	(15)	3,036,000	2,251,000	234,100	2,790	16,500	114,700	163,400
57	(16)	3,036,000	2,230,000	241,800	3,040	16,800	121,000	166,800
58	(17)	3,040,000	2,246,000	246,600	2,980	14,200	117,700	165,900
59	(18)	3,046,000	2,289,000	243,000	3,090	12,400	110,400	166,700
60	(19)	3,044,000	2,317,000	238,200	3,100	11,700	99,800	166,100
61	(20)	3,012,000	2,279,000	238,300	3,340	12,500	102,400	167,100
62	(21)	2,956,000	2,123,000	258,100	3,770	17,100	136,400	174,300
63	(22)	2,937,000	2,086,000	263,500	3,860	18,700	140,600	176,400
平成 元	(23)	2,915,000	2,076,000	263,400	3,860	18,400	133,300	176,800
2	(24)	2,869,000	2,055,000	242,400	3,770	19,000	128,000	176,800
3	(25)	2,822,000	2,033,000	218,200	3,810	19,100	117,800	178,100
4	(26)	2,799,000	2,092,000	185,000	3,480	15,400	88,800	174,000
5	(27)	2,758,000	2,126,000	157,600	3,320	13,300	69,300	168,100
6	(28)	2,724,000	2,199,000	116,100	3,110	10,400	44,500	161,000
7	(29)	2,639,000	2,106,000	128,000	3,120	12,100	53,000	159,300
8	(30)	2,547,000	1,967,000	136,200	3,120	15,700	67,200	162,800
9	(31)	2,520,000	1,944,000	137,500	3,080	16,900	67,800	162,500
10	(32)	2,449,000	1,793,000	147,100	3,190	23,800	94,400	162,600
11	(33)	2,453,000	1,780,000	153,700	3,160	26,100	95,100	163,100
12	(34)	2,450,000	1,763,000	163,000	3,150	25,900	109,000	161,200
13	(35)	2,437,000	1,700,000	185,400	3,130	30,100	130,400	158,800
14	(36)	2,432,000	1,682,000	197,500	3,070	29,700	135,800	156,500
15	(37)	2,412,000	1,660,000	178,200	2,940	31,700	139,200	154,600
16	(38)	2,403,000	1,696,000	174,100	2,940	29,700	125,900	151,700
17	(39)	2,379,000	1,701,000	167,300	3,030	29,700	120,800	150,300
18	(40)	2,354,000	1,684,000	167,500	3,100	30,300	125,700	147,900
19	(41)	2,330,000	1,669,000	163,000	3,120	31,200	125,800	147,300
20	(42)	2,301,000	1,624,000	166,000	3,320	33,400	134,200	147,700
21	(43)	2,294,000	1,621,000	167,200	3,280	32,600	132,400	146,000
22	(44)	2,303,000	1,625,000	167,300	3,120	34,600	126,000	145,700
23	(45)	2,278,000	1,574,000	170,700	2,970	38,800	123,800	145,000
24	(46)	2,280,000	1,579,000	168,400	3,010	40,500	117,700	143,900
25	(47)	2,280,000	1,597,000	166,700	2,910	40,100	114,800	142,200
26	(48)	2,273,000	1,573,000	168,800	2,810	38,300	116,300	142,000
27	(49)	2,263,000	1,504,000	171,400	2,710	37,000	122,500	140,600
28	(50)	2,257,000	1,478,000	173,300	2,690	38,500	124,300	139,500

果樹	工芸農作物	桑	飼肥料作物	その他作物	耕地利用率	（参考）本地利用率	
(8)	(9)	(10)	(11)	(12)	(13)	(14)	
ha	ha	ha	ha	ha	%	%	
−	37,300	−	173,700	…	110.3	118.5	(1)
−	39,500	−	166,800	…	109.6	117.8	(2)
−	35,500	−	152,400	…	108.2	116.2	(3)
−	32,400	−	148,800	…	98.5	105.8	(4)
2	33,900	25	164,600	…	94.5	101.5	(5)
−	34,400	18	153,500	…	93.3	100.1	(6)
−	31,900	15	142,400	…	92.3	99.0	(7)
−	28,000	9	131,900	…	97.0	103.9	(8)
−	26,300	10	116,100	…	98.5	105.5	(9)
−	26,000	9	107,100	…	99.3	106.3	(10)
−	27,300	9	108,000	…	99.4	106.4	(11)
−	29,300	−	161,000	…	98.9	105.8	(12)
−	29,100	−	165,400	…	100.0	106.9	(13)
−	30,800	−	189,300	16,600	100.4	107.3	(14)
−	31,400	−	205,100	17,400	100.2	107.1	(15)
−	27,900	−	209,700	18,500	100.9	107.8	(16)
−	28,400	−	199,100	18,900	101.7	108.6	(17)
2	25,400	−	176,500	18,700	102.5	109.5	(18)
2	23,300	−	164,800	19,300	103.1	110.1	(19)
2	22,900	−	165,800	20,700	102.8	109.6	(20)
2	22,000	−	198,100	23,500	101.6	108.3	(21)
2	22,500	−	201,600	24,100	101.7	108.4	(22)
−	20,900	−	197,800	24,600	101.6	108.3	(23)
−	20,400	−	197,900	25,700	100.8	107.4	(24)
−	18,800	−	206,300	26,700	99.9	106.4	(25)
−	17,000	−	197,700	26,100	99.9	106.4	(26)
0	15,800	−	178,900	25,700	99.1	105.6	(27)
0	14,500	−	149,800	25,100	98.6	104.9	(28)
−	14,400	−	138,200	25,400	96.1	102.3	(29)
−	14,200	−	152,600	27,600	93.5	99.5	(30)
−	13,800	−	147,800	27,000	93.3	99.3	(31)
−	13,300	−	179,000	32,400	91.4	97.2	(32)
−	12,000	−	186,300	33,400	92.3	98.1	(33)
−	10,800	−	181,700	32,100	92.8	98.6	(34)
−	9,650	−	187,800	32,300	92.9	98.7	(35)
−	9,940	…	186,200	30,700	93.3	99.1	(36)
−	10,300	…	204,700	30,200	93.1	98.9	(37)
−	10,300	…	183,300	28,500	93.3	99.1	(38)
−	9,720	…	168,600	28,000	93.1	98.7	(39)
−	9,260	…	159,200	27,300	92.6	98.2	(40)
−	8,950	…	154,000	27,200	92.1	97.7	(41)
−	9,010	…	155,500	27,600	91.5	97.0	(42)
−	8,690	…	155,200	27,500	91.5	97.0	(43)
−	8,560	…	165,100	27,200	92.3	97.8	(44)
−	7,950	…	188,600	26,900	92.1	97.6	(45)
−	6,750	…	193,800	26,700	92.3	97.9	(46)
−	6,630	…	183,100	26,600	92.5	98.0	(47)
−	6,360	…	198,500	26,200	92.5	98.0	(48)
−	6,460	…	252,100	25,500	92.5	98.0	(49)
−	6,660	…	269,400	24,700	92.8	98.3	(50)

(1)　農作物作付（栽培）延べ面積及び耕地利用率の推移（平成28年まで）（続き）
ウ　畑

年　次		作付（栽培）延べ面積	水陸稲（子実用）	麦　類（子実用）	かんしょ	雑　穀（乾燥子実）	豆　類（乾燥子実）	野　菜
		(1)	(2)	(3)	(4)	(5)	(6)	(7)
		ha	ha	ha	ha	ha	ha	ha
昭和 42 年	(1)	3,345,000	113,600	462,000	214,100	61,100	416,100	769,000
43	(2)	3,213,000	110,000	411,900	185,500	53,100	351,400	773,400
44	(3)	3,086,000	102,600	360,000	153,200	43,100	318,100	748,500
45	(4)	2,948,000	88,300	283,500	127,700	35,500	310,500	716,900
46	(5)	2,820,000	69,000	207,300	105,100	29,400	286,600	[illegible]
47	(6)	2,710,000	58,900	144,900	89,900	25,800	260,100	679,900
48	(7)	2,642,000	52,600	103,200	72,100	23,600	238,000	655,200
49	(8)	2,640,000	48,900	96,100	66,200	22,600	229,400	643,300
50	(9)	2,633,000	45,000	95,000	67,400	19,700	215,200	638,500
51	(10)	2,608,000	37,800	89,100	64,200	16,200	210,800	632,900
52	(11)	2,594,000	33,800	84,200	63,000	15,100	199,100	627,900
53	(12)	2,582,000	32,100	88,800	62,800	13,000	177,300	621,000
54	(13)	2,582,000	29,300	99,900	61,800	11,500	170,000	608,300
55	(14)	2,639,000	27,300	110,200	62,200	11,100	162,700	606,700
56	(15)	2,635,000	27,100	117,700	62,200	9,880	150,500	603,500
57	(16)	2,628,000	27,400	113,300	62,700	9,380	154,700	601,700
58	(17)	2,632,000	27,100	111,000	61,800	8,990	159,000	599,900
59	(18)	2,630,000	25,400	109,600	61,400	8,670	153,400	603,800
60	(19)	2,612,000	23,800	112,000	63,000	8,760	149,800	597,600
61	(20)	2,594,000	22,700	117,800	61,700	8,560	141,800	593,300
62	(21)	2,577,000	23,200	127,500	60,200	8,310	137,800	585,200
63	(22)	2,553,000	23,000	135,000	59,000	8,900	132,700	579,300
平成 元	(23)	2,512,000	21,800	135,800	58,100	9,270	131,700	570,600
2	(24)	2,480,000	19,100	126,200	56,900	10,600	128,600	559,000
3	(25)	2,440,000	16,400	117,400	54,800	10,600	119,400	549,700
4	(26)	2,405,000	14,000	115,300	51,600	10,200	108,600	544,700
5	(27)	2,367,000	12,700	104,400	49,700	10,500	106,100	535,200
6	(28)	2,326,000	12,700	99,400	48,200	10,700	105,400	524,700
7	(29)	2,280,000	11,900	128,800	46,300	11,300	102,600	509,500
8	(30)	2,237,000	9,800	130,700	44,400	11,700	97,600	497,100
9	(31)	2,198,000	8,980	128,300	43,400	11,600	95,400	486,700
10	(32)	2,168,000	8,280	128,500	42,400	11,600	88,700	477,100
11	(33)	2,141,000	7,710	129,500	41,300	12,000	84,200	470,100
12	(34)	2,113,000	7,300	134,300	40,200	12,500	82,800	458,300
13	(35)	2,083,000	6,620	135,900	39,200	12,700	84,900	445,400
14	(36)	2,062,000	5,810	139,400	37,500	12,700	82,600	436,900
15	(37)	2,038,000	5,260	98,600	36,700	12,800	78,900	426,800
16	(38)	2,019,000	4,930	98,800	37,400	14,900	76,000	417,200
17	(39)	2,005,000	4,710	101,400	37,800	16,200	73,100	412,900
18	(40)	1,992,000	4,310	104,900	37,700	15,800	68,800	409,900
19	(41)	1,976,000	3,840	101,200	37,600	16,200	65,400	408,100
20	(42)	1,964,000	3,370	99,600	37,400	15,800	65,500	406,800
21	(43)	1,950,000	3,170	99,200	37,200	14,900	65,100	405,700
22	(44)	1,930,000	3,050	98,600	36,600	15,200	63,000	402,200
23	(45)	1,915,000	2,510	101,200	36,000	19,300	62,400	396,500
24	(46)	1,901,000	2,240	101,300	35,800	22,100	62,500	395,200
25	(47)	1,887,000	1,860	103,000	35,600	22,800	63,600	390,900
26	(48)	1,874,000	1,540	104,100	35,200	23,000	64,700	388,400
27	(49)	1,864,000	1,280	103,200	33,900	22,700	65,100	385,800
28	(50)	1,845,000	1,050	102,700	33,300	23,700	63,400	381,800

果　樹	工芸農作物	桑	飼肥料作物	その他作物	耕地利用率	（参考） 本地利用率	
(8)	(9)	(10)	(11)	(12)	(13)	(14)	
ha	ha	ha	ha	ha	%	%	
392, 600	288, 500	160, 700	467, 600	…	132. 5	136. 7	(1)
406, 300	255, 000	161, 800	507, 600	…	130. 5	134. 5	(2)
412, 800	244, 000	162, 800	545, 800	…	128. 0	131. 9	(3)
416, 200	224, 100	163, 100	586, 800	…	123. 8	127. 6	(4)
422, 200	212, 700	165, 600	636, 600	…	118. 6	122. 2	(5)
427, 700	207, 900	164, 100	661, 900	…	114. 7	118. 1	(6)
431, 000	206, 400	161, 600	699, 500	…	111. 3	114. 6	(7)
435, 400	211, 200	158, 100	729, 500	…	109. 7	113. 0	(8)
430, 400	215, 500	150, 600	755, 800	…	109. 6	112. 8	(9)
422, 600	214, 100	143, 400	776, 500	…	109. 0	112. 1	(10)
415, 100	221, 600	136, 000	798, 000	…	108. 9	112. 0	(11)
411, 600	226, 800	129, 500	818, 900	…	108. 2	111. 3	(12)
410, 100	229, 100	125, 300	836, 800	…	107. 9	110. 9	(13)
408, 000	231, 100	121, 200	845, 100	53, 600	109. 7	112. 7	(14)
404, 300	237, 400	117, 200	851, 200	54, 100	109. 3	112. 3	(15)
399, 600	230, 100	113, 000	861, 400	54, 500	108. 8	111. 7	(16)
395, 700	233, 000	109, 400	871, 100	55, 300	108. 7	111. 6	(17)
391, 600	237, 400	104, 800	877, 600	56, 000	108. 5	111. 3	(18)
387, 300	232, 200	96, 800	883, 900	57, 100	107. 6	110. 5	(19)
382, 800	231, 200	88, 500	887, 000	58, 700	106. 9	109. 7	(20)
378, 400	226, 400	79, 200	891, 300	59, 300	106. 0	108. 8	(21)
372, 200	222, 900	70, 400	889, 000	60, 700	105. 1	107. 9	(22)
353, 200	213, 600	64, 200	891, 000	62, 800	104. 2	106. 8	(23)
346, 300	211, 000	59, 500	898, 000	64, 400	103. 5	106. 1	(24)
340, 300	206, 000	54, 600	906, 300	64, 800	102. 5	105. 1	(25)
334, 600	199, 000	48, 700	913, 200	65, 400	101. 8	104. 3	(26)
328, 900	195, 100	42, 500	915, 900	65, 900	101. 0	103. 5	(27)
321, 700	192, 800	33, 900	910, 300	65, 800	100. 3	102. 8	(28)
314, 900	190, 200	26, 300	875, 100	63, 300	99. 4	101. 8	(29)
307, 800	187, 300	19, 300	868, 000	62, 900	98. 6	100. 9	(30)
301, 200	183, 400	13, 800	862, 600	62, 600	97. 8	100. 1	(31)
295, 300	183, 900	10, 300	859, 000	62, 400	97. 4	99. 7	(32)
290, 700	182, 300	7, 350	853, 800	62, 000	97. 0	99. 3	(33)
286, 200	179, 900	5, 880	844, 300	61, 900	96. 5	98. 8	(34)
280, 400	175, 100	4, 790	836, 800	60, 900	96. 0	98. 2	(35)
275, 500	175, 400	…	831, 800	64, 700	95. 6	97. 8	(36)
271, 600	174, 700	…	867, 700	65, 600	95. 1	97. 2	(37)
267, 900	172, 700	…	864, 200	64, 900	94. 4	96. 6	(38)
265, 400	168, 300	…	861, 600	63, 900	93. 9	96. 0	(39)
261, 800	167, 100	…	858, 400	63, 100	93. 6	95. 7	(40)
258, 400	165, 100	…	857, 700	62, 200	93. 2	95. 3	(41)
254, 700	163, 300	…	856, 600	60, 800	93. 0	95. 1	(42)
250, 700	160, 800	…	852, 400	60, 400	92. 7	94. 8	(43)
246, 900	158, 000	…	846, 500	59, 800	92. 0	94. 1	(44)
243, 500	153, 200	…	840, 900	59, 100	91. 8	93. 8	(45)
240, 300	148, 300	…	834, 700	58, 900	91. 4	93. 4	(46)
237, 000	146, 100	…	828, 600	57, 700	91. 1	93. 1	(47)
233, 800	144, 900	…	820, 800	57, 400	91. 0	93. 0	(48)
230, 200	144, 600	…	820, 300	56, 700	90. 9	93. 0	(49)
226, 700	143, 700	…	812, 200	56, 200	90. 5	92. 5	(50)

3　耕地の利用状況の推移

(2)　農作物作付（栽培）延べ面積及び耕地利用率の推移（平成29年から）

ア　田畑計

年　次	作付（栽培）延べ面積	水稲（子実用）	麦類（4麦・子実用）	大豆（乾燥子実）	そば（乾燥子実）	なたね（子実用）	その他作物	耕地利用率	（参考）本地利用率
	(1)	(2)	(3)	(4)	(5)	(6)	(7)	(8)	(9)
	ha	ha	ha	ha	ha	ha	ha	%	%
平成 29 年	4,074,000	1,465,000	273,700	150,200	62,900	1,980	2,120,000	91.7	95.5
30	4,048,000	1,470,000	272,900	146,600	63,900	1,920	2,093,000	91.6	95.4

注：1　麦類（子実用）は4麦（小麦、二条大麦、六条大麦、はだか麦）合計面積である。
　2　水稲（子実用）及びなたね（子実用）の作付面積については、田畑別を調査事項としていない。
　3　平成29年（産）から一部のその他作物について、調査の範囲を全国から主産県に変更し、全国調査の実施周期を見直したことから、算出方法を変更している。
　4　その他作物は、陸稲、かんしょ、小豆、いんげん、らっかせい、野菜、果樹、茶、飼料作物、桑、花き、花木、種苗等であり、作付（栽培）延べ面積は、これらの作物類別面積の合計である。
　5　耕地（本地）利用率は、耕地（本地）面積を「100」とした作付（栽培）延べ面積の割合である。

イ　田

年　次	作付（栽培）延べ面積	麦類（4麦・子実用）	そば（乾燥子実）	大豆（乾燥子実）	その他作物	耕地利用率	（参考）本地利用率
	(1)	(2)	(3)	(4)	(5)	(6)	(7)
	ha	ha	ha	ha	ha	%	%
平成 29 年	2,247,000	171,600	38,100	120,800	450,300	92.9	98.4
30	2,236,000	171,300	38,100	118,400	437,200	93.0	98.4

ウ　畑

年　次	作付（栽培）延べ面積	麦類（4麦・子実用）	そば（乾燥子実）	大豆（乾燥子実）	その他作物	耕地利用率	（参考）本地利用率
	(1)	(2)	(3)	(4)	(5)	(6)	(7)
	ha	ha	ha	ha	ha	%	%
平成 29 年	1,828,000	102,100	24,800	29,400	1,670,000	90.2	92.2
30	1,812,000	101,600	25,800	28,300	1,655,000	90.0	91.9

(3) 夏期における田本地の利用状況の推移

単位：ha

年次	田本地	水稲作付田	水稲のみの作付田	水稲と他作物の作付田	水稲以外の作物のみの作付田	夏期全期不作付地
	(1)	(2)	(3)	(4)	(5)	(6)
昭和 41 年	3, 159, 000	…	3, 094, 000	23, 500	34, 800	7, 120
42	3, 178, 000	…	3, 112, 000	25, 100	32, 900	8, 450
43	3, 198, 000	…	3, 133, 000	25, 200	31, 700	7, 690
44	3, 204, 000	…	3, 138, 000	23, 900	34, 500	8, 270
45	3, 180, 000	…	2, 815, 000	16, 200	88, 100	262, 600
46	3, 134, 000	…	2, 610, 000	13, 300	195, 300	315, 400
47	3, 088, 000	…	2, 567, 000	12, 200	216, 100	296, 400
48	3, 053, 000	…	2, 554, 000	13, 000	216, 400	270, 500
49	2, 994, 000	…	2, 659, 000	13, 500	203, 700	119, 000
50	2, 959, 000	…	2, 703, 000	14, 100	172, 300	70, 400
51	2, 936, 000	…	2, 725, 000	13, 900	145, 700	52, 300
52	2, 927, 000	…	2, 708, 000	13, 300	158, 400	48, 200
53	2, 905, 000	…	2, 517, 000	13, 700	282, 400	92, 100
54	2, 881, 000	…	2, 467, 000	13, 200	305, 700	95, 700
55	2, 858, 000	…	2, 361, 000	12, 400	367, 300	118, 200
56	2, 836, 000	…	2, 268, 000	12, 100	414, 900	141, 500
57	2, 817, 000	…	2, 246, 000	13, 700	420, 500	136, 600
58	2, 798, 000	…	2, 256, 000	14, 100	404, 400	124, 900
59	2, 783, 000	…	2, 286, 000	13, 900	378, 100	105, 300
60	2, 766, 000	…	2, 312, 000	13, 300	347, 600	93, 100
61	2, 748, 000	…	2, 279, 000	12, 500	359, 900	96, 800
62	2, 729, 000	…	2, 136, 000	11, 700	445, 500	136, 300
63	2, 710, 000	…	2, 096, 000	11, 700	457, 900	144, 900
平成 元	2, 692, 000	…	2, 081, 000	11, 700	449, 000	150, 000
2	2, 672, 000	…	2, 058, 000	11, 600	446, 400	155, 700
3	2, 652, 000	…	2, 034, 000	11, 700	443, 000	163, 300
4	2, 631, 000	…	2, 086, 000	12, 000	382, 500	150, 400
5	2, 613, 000	…	2, 119, 000	11, 500	336, 600	145, 400
6	2, 596, 000	…	2, 189, 000	11, 500	280, 800	114, 900
7	2, 579, 000	…	2, 098, 000	11, 400	303, 800	165, 800
8	2, 560, 000	…	1, 968, 000	11, 200	344, 500	236, 100
9	2, 539, 000	…	1, 938, 000	10, 700	346, 100	244, 400
10	2, 519, 000	…	1, 790, 000	9, 750	421, 500	298, 300
11	2, 501, 000	…	1, 776, 000	9, 440	427, 100	289, 200
12	2, 485, 000	…	1, 758, 000	9, 180	437, 900	280, 200
13	2, 469, 000	…	1, 702, 000	8, 070	469, 500	289, 400
14	2, 454, 000	1, 692, 000	…	…	473, 500	287, 700
15	2, 440, 000	1, 669, 000	…	…	481, 300	289, 500
16	2, 425, 000	1, 704, 000	…	…	447, 700	273, 700
17	2, 410, 000	1, 708, 000	…	…	431, 100	270, 200
18	2, 398, 000	1, 691, 000	…	…	428, 100	278, 800
19	2, 386, 000	1, 678, 000	…	…	428, 600	279, 800
20	2, 373, 000	1, 637, 000	…	…	441, 000	295, 500
21	2, 364, 000	1, 637, 000	…	…	439, 500	287, 200
22	2, 355, 000	1, 657, 000	…	…	428, 500	269, 500
23	2, 334, 000	1, 631, 000	…	…	426, 800	275, 400
24	2, 329, 000	1, 640, 000	…	…	419, 600	269, 400
25	2, 326, 000	1, 646, 000	…	…	416, 700	262, 300
26	2, 320, 000	1, 639, 000	…	…	416, 300	265, 000
27	2, 310, 000	1, 623, 000	…	…	417, 300	269, 900
28	2, 296, 000	1, 611, 000	…	…	415, 900	269, 700
29	2, 284, 000	1, 600, 000	…	…	411, 800	273, 100
30	2, 273, 000	1, 592, 000	…	…	407, 300	273, 400
令和 元	**2, 261, 000**	**1, 584, 000**	**…**	**…**	**403, 000**	**274, 100**

注：1 昭和48年以前は沖縄県を含まない。
2 夏期全期とは、おおむね水稲の栽培期間である。青刈り水稲は、水稲に含む。
3 水稲のみの作付田及び水稲と他作物の作付田については、平成14年以降水稲作付田として一括計上した。

[付] 調　査　票

秘
農林水産省

統計法に基づく基幹統計
作　物　統　計

令和　　年 面積調査　実測調査票

(職員記入欄)

調査年	都道府県	管理番号	市町村	単位区番号	階層番号	標本継続年数	母集団 筆面積(a) 田	畑

緯度	経度

(調査員記入欄)

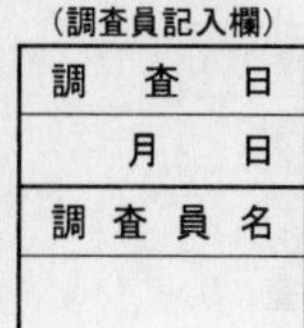

調　査　日
月　　日
調 査 員 名

(職員記入欄)

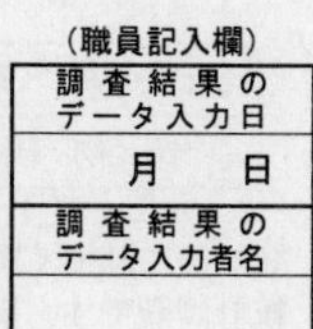

調 査 結 果 の データ入力日
月　　日
調 査 結 果 の データ入力者名

統計法に基づく国の統計調査です。調査票情報の秘密の保護に万全を期します。

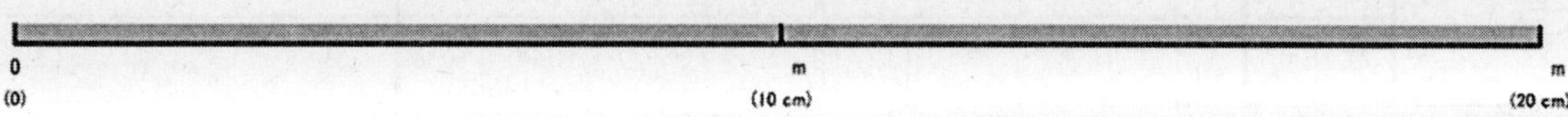

画像著作権　：

連　絡　先　：

(電話番号)

⇦ ⇦ ⇦ 入力方向

4151

秘
農林水産省

統計法に基づく基幹統計
作物統計

統計法に基づく国の統計調査です。調査票情報の秘密の保護に万全を期します。

年産		都道府県	管理番号	市区町村	客体番号
2	0				

令和　　年産

作付面積調査調査票(団体用)

大豆(乾燥子実)用

○ この調査票は、秘密扱いとし、統計以外の目的に使うことは絶対ありませんので、ありのままを記入してください。
○ 黒色の鉛筆又はシャープペンシルで記入し、間違えた場合は、消しゴムできれいに消してください。
○ 調査及び調査票の記入に当たって、不明な点等がありましたら、下記の「問い合わせ先」にお問い合わせください。

★ 数字は、1マスに1つずつ、枠からはみ出さないように右づめで記入してください。

記入例				9	8	7	6	5	4	0

つなげる　すきまをあける

★ マスが足りない場合は、一番左のマスにまとめて記入してください。

記入例	112	3

記入していただいた調査票は、　　月　　日までに提出してください。
調査票の記入及び提出は、インターネットでも可能です。
詳しくは同封の「オンライン調査システム操作ガイド」を御覧ください。

【問い合わせ先】

【1】貴団体で集荷している大豆の作付面積について

記入上の注意
○ 作付面積は単位を「ha」とし、小数点第一位(10a単位)まで記入してください。0.05ha未満の場合は「0.0」と記入してください。
○ 枝豆として未成熟で収穫するもの及び飼料用として青刈りするものは除きます。

単位：ha

作物名		作付面積(田畑計)	田	畑
大豆	前年産			
	本年産	.	.	.

裏面に進んでください。

【 2 】作付面積の増減要因等について

作付面積の主な増減要因（転換作物等）について記入してください。

主な増減地域と増減面積について記入してください。

貴団体において、貴団体に出荷されない管内の作付団地等の状況（作付面積、作付地域等）を把握していれば記入してください。

入力方向

4	1	4	1

秘	統計法に基づく基幹統計
農林水産省	作物統計

年産		都道府県	管理番号	市区町村	客体番号
2	0				

統計法に基づく国の統計調査です。調査票情報の秘密の保護に万全を期します。

令和　年産

作付面積調査調査票（団体用）

果樹及び茶用

○ この調査票は、秘密扱いとし、統計以外の目的に使うことは絶対ありませんので、ありのままを記入してください。

○ 黒色の鉛筆又はシャープペンシルで記入し、間違えた場合は、消しゴムできれいに消してください。

○ 調査及び調査票の記入に当たって、不明な点等がありましたら、下記の「問い合わせ先」にお問い合わせください。

★ 数字は、1マスに1つずつ、枠からはみ出さないように右づめで記入してください。

記入例	8	8	8	9	8	7	6	5	4	0

つなげる　すきまをあける

★ マスが足りない場合は、一番左のマスにまとめて記入してください。

記入例	11	2	3

記入していただいた調査票は、　月　日までに提出してください。
調査票の記入及び提出は、インターネットでも可能です。
詳しくは同封の「オンライン調査システム操作ガイド」を御覧ください。

【問い合わせ先】

【１】貴団体管内の果樹の栽培面積について

単位：ha

作物名		栽培面積	作物名		栽培面積
	前年産			前年産	
	本年産	.		本年産	.
	前年産			前年産	
	本年産	.		本年産	.
	前年産			前年産	
	本年産	.		本年産	.
	前年産			前年産	
	本年産	.		本年産	.
	前年産			前年産	
	本年産	.		本年産	.
	前年産			前年産	
	本年産	.		本年産	.
	前年産			前年産	
	本年産	.		本年産	.
	前年産				
	本年産	.			

【２】貴団体管内の茶の栽培面積について

単位：ha

作物名		栽培面積
	前年産	
	本年産	.

記入上の注意

○　栽培面積は単位を「ha」とし、小数点第一位（10a単位）まで記入してください。
0.05ha未満の結果は「0.0」と記入してください。

○　貴団体の管内において、集荷・取扱いを行う栽培団地等の栽培面積を記入してください。

○　その他かんきつ類には、みかん以外の全てのかんきつ類の合計面積を記入してください。

【３】栽培面積の増減要因等について

果樹（茶）ごとの主な増減要因（新植、廃園等）について記入してください。

果樹（茶）ごとの主な増減地域と増減面積について記入してください。

貴団体において、貴団体に出荷されない管内の作付団地等の状況（作付面積、作付地域等）を把握していれば記入してください。

入 力 方 向

別記様式第４号

秘	統計法に基づく基幹統計
農林水産省	作 物 統 計

統計法に基づく国の統計調査です。調査票情報の秘密の保護に万全を期します。

年 産	都道府県	管理番号	市区町村	客体番号

令和　　年産

畑作物作付面積調査・収穫量調査調査票（団体用）

陸稲用

○ この調査票は、秘密扱いとし、統計以外の目的に使うことは絶対ありませんので、ありのままを記入してください。
○ 黒色の鉛筆又はシャープペンシルで記入し、間違えた場合は、消しゴムできれいに消してください。
○ 調査及び調査票の記入に当たって、不明な点等がありましたら、下記の「問い合わせ先」にお問い合わせください。

★ 右づめで記入し、マスが足りない場合は一番左のマスにまとめて記入してください。
★ 該当する場合は、記入例のように点線をなぞってください。

記入例 11 9 8 6 5 3
記入例　つなげる　すきまをあける

記入していただいた調査票は　　月　　日までに提出してください。
調査票の記入及び提出は、インターネットでも可能です。
詳しくは同封の「オンライン調査システム操作ガイド」を御覧ください。

【問い合わせ先】

【１】貴団体で集荷している作付面積及び集荷量について

記入上の注意
○ 作付面積は単位を「ha」とし、小数点第一位（10a単位）まで記入してください。0.05ha未満の場合は「0.0」と記入してください。
○ 集荷量は単位を「t」とし、整数で記入してください。
○ 陸稲品種を田に作付けしたものは除きます。水稲品種を畑に作付けしたものは陸稲に含めますが、計画的にかんがいを行い栽培するものは除きます。

作物名		作付面積	集荷量	うち検査基準以上
陸稲	前年産	ha	t	t
	本年産	.		

裏面に進んでください。

【 ２ 】作付面積の増減要因等について

主な増減要因（転換作物等）について記入してください。

主な増減地域と増減面積について記入してください。

貴団体において、貴団体に出荷されない管内の作付団地等の状況（作付面積、作付地域等）を把握していれば記入してください。

【 ３ 】収穫量の増減要因等について

前年産と比べた本年産の作柄の良否、被害の多少、主な被害の要因について該当する項目の点線をなぞってください。

作物名	作柄の良否			被害の多少			主な被害の要因(複数回答可)									
	良	並	悪	少	並	多	高温	低温	日照不足	多雨	少雨	台風	病害	虫害	鳥獣害	その他
陸稲																

被害以外の増減要因（品種、栽培方法などの変化）があれば、記入してください。

← ← ← 入力方向

別記様式第５号

秘
農林水産省

統計法に基づく基幹統計
作物統計

年産	都道府県	管理番号	市区町村	客体番号

政府統計
統計法に基づく国の統計調査です。調査票情報の秘密の保護に万全を期します。

令和　　年産

畑作物作付面積調査・収穫量調査調査票（団体用）
麦類（子実用）用

○ この調査票は、秘密扱いとし、統計以外の目的に使うことは絶対ありませんので、ありのままを記入してください。
○ 黒色の鉛筆又はシャープペンシルで記入し、間違えた場合は、消しゴムできれいに消してください。
○ 調査及び調査票の記入に当たって、不明な点等がありましたら、下記の「問い合わせ先」にお問い合わせください。

★ 右づめで記入し、マスが足りない場合は一番左のマスにまとめて記入してください。
★ 該当する場合は、記入例のように点線をなぞってください。

記入例	11	9	8	6	5	8
記入例	／	→	／			

つなげる
すきまをあける

記入していただいた調査票は、　　月　　日までに提出してください。
調査票の記入及び提出は、インターネットでも可能です。
詳しくは同封の「オンライン調査システム操作ガイド」を御覧ください。

【問い合わせ先】

【１】貴団体で集荷している作付面積及び集荷量について

記入上の注意
○ 作付面積は単位を「ha」とし、小数点第一位（10a単位）まで記入してください。0.05ha未満の場合は「0.0」と記入してください。
○ 集荷量は単位を「t」とし、整数で記入してください。0.5t未満の結果は「0」と記入してください。
○ 主に食用（子実用）とするものについて記入してください。緑肥用や飼料用は含めないでください。
○ 「うち検査基準以上」欄には、1等、2等に加え規格外のうち規格外Aとされたものの合計を記入してください。
○ 検査を受けない場合や、提出日までに検査を受けていない場合などは、集荷された農作物の状態から検査基準以上となる量を見積もって記入してください。

作物名		作付面積（田畑計）	田	畑	集荷量	うち検査基準以上
小麦	前年産	ha	ha	ha	t	t
	本年産	.	.	.		
秋まき（北海道のみ）	前年産	ha	／	／	t	t
	本年産	.	／	／		
春まき（北海道のみ）	前年産	ha	／	／	t	t
	本年産	.	／	／		
二条大麦	前年産	ha	ha	ha	t	t
	本年産	.	.	.		
六条大麦	前年産	ha	ha	ha	t	t
	本年産	.	.	.		
はだか麦	前年産	ha	ha	ha	t	t
	本年産	.	.	.		

裏面に進んでください。

【２】作付面積の増減要因等について

作物ごとの主な増減要因（転換作物等）について記入してください。

作物ごとに主な増減地域と増減面積について記入してください。

貴団体において、貴団体に出荷されない管内の作付団地等の状況（作付面積、作付地域等）を把握していれば記入してください。

【３】収穫量の増減要因等について

前年産と比べた本年産の作柄の良否、被害の多少、主な被害の要因について該当する項目の点線をなぞってください。

作物名	作柄の良否			被害の多少			主な被害の要因（複数回答可）									
	良	並	悪	少	並	多	高温	低温	日照不足	多雨	少雨	台風	病害	虫害	鳥獣害	その他
小麦	／	／	／	／	／	／	／	／	／	／	／	／	／	／	／	／
二条大麦	／	／	／	／	／	／	／	／	／	／	／	／	／	／	／	／
六条大麦	／	／	／	／	／	／	／	／	／	／	／	／	／	／	／	／
はだか麦	／	／	／	／	／	／	／	／	／	／	／	／	／	／	／	／

作物ごとに被害以外の増減要因（品種、栽培方法などの変化）があれば、記入してください。

⇦ ⇦ ⇦ 入力方向

別記様式第６号

秘
農林水産省

統計法に基づく基幹統計
作物統計

政府統計

統計法に基づく国の統計調査です。調査票情報の秘密の保護に万全を期します。

年産	都道府県	管理番号	市区町村	客体番号

令和　　年産

畑作物作付面積調査・収穫量調査調査票（団体用）

飼料作物、えん麦（緑肥用）、かんしょ、そば、なたね（子実用）用

○ この調査票は、秘密扱いとし、統計以外の目的に使うことは絶対ありませんので、ありのままを記入してください。
○ 黒色の鉛筆又はシャープペンシルで記入し、間違えた場合は、消しゴムできれいに消してください。
○ 調査及び調査票の記入に当たって、不明な点等がありましたら、下記の「問い合わせ先」にお問い合わせください。

★ 右づめで記入し、マスが足りない場合は一番左のマスにまとめて記入してください。
★ 該当する場合は、記入例のように点線をなぞってください。

記入例	11	9	8	6	5	3

記入例 ⁄ ➡ ／ つなげる　すきまをあける

記入していただいた調査票は、　　月　　日までに提出してください。
調査票の記入及び提出は、インターネットでも可能です。
詳しくは同封の「オンライン調査システム操作ガイド」を御覧ください。

【問い合わせ先】

【１】貴団体管内の作付（栽培）面積及び集荷量について

記入上の注意
○ 作付（栽培）面積は単位を「ha」とし、小数点第一位（10a単位）まで記入してください。0.05ha未満の場合は「0.0」と記入してください。
○ 集荷量は単位を「t」とし、整数で記入してください。0.5t未満の結果は「0」と記入してください。
○ <作物ごとの注意事項>

作物名		作付（栽培）面積（田畑計）	田	畑	集荷量	うち検査基準以上
	前年産	ha	ha	ha	t	t
	本年産	.	.	.		
	前年産	ha	ha	ha	t	t
	本年産	.	.	.		
	前年産	ha	ha	ha	t	t
	本年産	.	.	.		
	前年産	ha	ha	ha	＼	＼
	本年産	.	.	.	＼	＼
	前年産	ha	ha	ha	＼	＼
	本年産	.	.	.	＼	＼

裏面に進んでください。

【２】作付（栽培）面積の増減要因等について

作物ごとの主な増減要因（転換作物等）について記入してください。

作物ごとに主な増減地域と増減面積について記入してください。

貴団体において、貴団体に出荷されない管内の作付団地等の状況（作付面積、作付地域等）を把握していれば記入してください（飼料作物及びえん麦（緑肥用）については【1】に貴団体で把握している面積を記入していただいているため記入不要です。）。

【３】収穫量の増減要因等について

前年産と比べた本年産の作柄の良否、被害の多少、主な被害の要因について該当する項目の点線をなぞってください。

作物名	作柄の良否			被害の多少		
	良	並	悪	少	並	多
	/	/	/	/	/	/
	/	/	/	/	/	/
	/	/	/	/	/	/
	/	/	/	/	/	/

主な被害の要因(複数回答可)									
高温	低温	日照不足	多雨	少雨	台風	病害	虫害	鳥獣害	その他
/	/	/	/	/	/	/	/	/	/
/	/	/	/	/	/	/	/	/	/
/	/	/	/	/	/	/	/	/	/
/	/	/	/	/	/	/	/	/	/

作物ごとに被害以外の増減要因（品種、栽培方法などの変化）があれば、記入してください。

⇦ ⇦ ⇦ 入力方向

4	1	7	1

秘
農林水産省

年産				都道府県		管理番号		市区町村			客体番号			
2	0													

統計法に基づく国の統計調査です。調査票情報の秘密の保護に万全を期します。

令和　　年産　　特定作物統計調査

豆類作付面積調査調査票（団体用）

○ この調査票は、秘密扱いとし、統計以外の目的に使うことは絶対ありませんので、ありのままを記入してください。

○ 黒色の鉛筆又はシャープペンシルで記入し、間違えた場合は、消しゴムできれいに消してください。

○ 調査及び調査票の記入に当たって、不明な点等がありましたら、下記の「問い合わせ先」にお問い合わせください。

★ 数字は、1マスに1つずつ、枠からはみ出さないように右づめで記入してください。

記入例				9	8	7	6	5	4	0

つなげる　　すきまをあける

★ マスが足りない場合は、一番左のマスにまとめて記入してください。

記入例	11	2	3

記入していただいた調査票は、　月　日までに提出してください。

調査票の記入及び提出は、インターネットでも可能です。

詳しくは同封の「オンライン調査システム操作ガイド」を御覧ください。

【問い合わせ先】

【１】貴団体で集荷している豆類（乾燥子実）の作付面積について

記入上の注意
○ 作付面積は単位を「ha」とし、小数点第一位（10a単位）まで記入してください。0.05ha未満の場合は「0.0」と記入してください。
○ 乾燥して食用（加工も含む。）にするものの面積を記入してください。
　未成熟（完熟期以前）で収穫されるもの（さやいんげん等）については含めないでください。
○ いんげんの種類別の内訳については、北海道のみ記入してください。

単位：ha

作物名		作付面積（田畑計）	田	畑
小豆	前年産			
	本年産	88888.8	88888.8	88888.8
いんげん	前年産			
	本年産	88888.8	88888.8	88888.8
金時（北海道のみ）	前年産			
	本年産	88888.8		
手亡（北海道のみ）	前年産			
	本年産	88888.8		
らっかせい	前年産			
	本年産	88888.8	88888.8	88888.8

【２】作付面積の増減要因等について

作物ごとの主な増減要因（転換作物等）について記入してください。

作物ごとの主な増減地域と増減面積について記入してください。

貴団体において、貴団体に出荷されない管内の作付団地等の状況（作付面積、作付地域等）を把握していれば記入してください。

令和元年　耕地及び作付面積統計

令和３年２月　発行　　　　　　　　　定価は表紙に表示してあります。

編集　〒100-8950　東京都千代田区霞が関１－２－１
農林水産省大臣官房統計部

発行　〒141-0031　東京都品川区西五反田7-22-17　TOCビル
一般財団法人　農林統計協会
振替　00190-5-70255　TEL 03(3492)2987

ISBN978-4-541-04356-6　C3061